电商视觉营销手册

网店美工设计与短视频制作

（全视频微课版）

曹培强　杜泰东　金忠波　编著

清华大学出版社

北　京

内容简介

本书采用设计理论与案例相结合的方式进行编写，系统阐述网店在视觉营销方面的知识点。书中循序渐进地介绍了网上店铺视觉设计的相关知识，精心设计了网店视觉图像和电商短视频案例，充分展现出图像与短视频在网店视觉营销中的重要性。全书共分为 8 章，依次讲解了网店配色及商品图像采集、网店商品图片校正与编辑、为网拍商品图片替换背景、网店视觉引流的设计方法、网店详情页设计、后台图片空间的运用、移动端视觉设计和电商短视频制作等内容。此外，本书配备了详细的同步教学视频，旨在帮助读者轻松理解并掌握书中内容，从而能够迅速将所学知识应用于实践。

本书可作为网店经营者、设计者的自学手册，也可作为大、中专院校电子商务、数字媒体技术等专业的教学用书，还可作为电子商务方面培训班的教学资料。

图书在版编目 (CIP) 数据

电商视觉营销手册：网店美工设计与短视频制作：
全视频微课版 / 曹培强，杜泰东，金忠波编著 . -- 北京：
清华大学出版社，2025. 2. -- ISBN 978-7-302-68012-3

Ⅰ . TP317.53；F713.365.2

中国国家版本馆 CIP 数据核字第 2025Y5S106 号

责任编辑：李　磊
封面设计：杨　曦
版式设计：孔祥峰
责任校对：成凤进
责任印制：沈　露

出版发行：清华大学出版社
　　　　网　　　址：https://www.tup.com.cn，https://www.wqxuetang.com
　　　　地　　　址：北京清华大学学研大厦A座　　　　邮　　编：100084
　　　　社　总　机：010-83470000　　　　邮　　购：010-62786544
　　　　投稿与读者服务：010-62776969，c-service@tup.tsinghua.edu.cn
　　　　质　量　反　馈：010-62772015，zhiliang@tup.tsinghua.edu.cn
印　装　者：三河市君旺印务有限公司
经　　　销：全国新华书店
开　　本：185mm×260mm　　　印　　张：14.5　　　字　　数：390千字
版　　次：2025年4月第1版　　　印　　次：2025年4月第1次印刷
定　　价：89.00元

产品编号：102868-01

随着电子商务的持续演进，那个仅凭在网络上随意开设网店便能轻松盈利的时代，已然成为过往。如今的网店，无论是在色彩搭配、商品图片处理，还是在与移动端和电脑端相结合方面都已经发生了翻天覆地的变化。经营者若想要自己的网店吸引更多流量，就要在店铺的整体、细节及短视频宣传上做文章，以此来吸引买家驻足。在网店中，除了价格和商品特色能够直接引发买家的兴趣，网店的整体配色方案、装修布局、独特风格和详情页展示等也是关键因素。这些内容的完美呈现，可以极大地刺激买家的购买欲望。

对于卖家而言，能够产生经济效益是他们的终极目标。在商品的特色与价格大体相同的情况下，优质的网店装修界面加上与之配合的短视频营销，绝对是提升网店竞争力的重要保证。

本书采用理论与案例结合的方式，使读者在学习视觉营销理论的基础上，通过丰富的案例进行实践操作练习，从而掌握网店视觉营销涉及的软件应用技巧，了解淘宝后台装修模块的构成，全面提升网店设计与运营的能力。

本书作者拥有多年的电商教学经验和丰富的网店营销工作经验，书中内容均结合买家浏览网店的习惯进行设计。通过对本书的学习，读者可以快速掌握网店静态与动态视觉设计的精髓和技巧，并运用软件将设计创意和设计理念转化为网店的视觉效果。本书还能够帮助读者解决开店过程中遇到的视觉图像编辑和视频制作难题，有效提升店铺整体的视觉吸引力和市场竞争力。

本书特点

本书内容丰富，由浅入深，涵盖了网上店铺装修的重要知识点与实用技巧。书中内容具有以下特点。

知识点全面。本书涵盖网店视觉营销涉及的图像编辑、网店配色、短视频制作和移动端视觉设计等各方面知识。书中从商品图像编修的一般流程入手，逐步引导读者学习开设网店所需的各项技能。

语言通俗易懂。本书以简洁的篇幅和通俗易懂的语言，深入浅出地讲解网店视觉营销中的核心要素及其实际应用案例。讲解过程清晰明了，内容前后呼应，让读者学习起来更加轻松，阅读更加顺畅。

案例丰富。书中案例凝聚了作者多年的实践经验，覆盖网店图片优化、短视频制作等全场景，技术方案均通过电商平台认证，助力读者高效转化设计能力。

理论结合实践。书中案例都紧密围绕软件的关键知识点展开，使读者在学习理论的同时，通过实际操作加深理解，从而更容易掌握和运用所学知识。

软件运用。书中介绍了在Photoshop中编修效果图像的方法，在剪映中进行短视频加工与制作的技巧，还介绍了如何在淘宝后台将前期设计制作的模块元素直接应用于网店的装修中，提升读者对于软件工具的操作能力。

配套资源丰富。书中对于关键功能的介绍及案例部分均配有同步视频教程，帮助读者以更快、更直观的方式学习网店装修的知识。此外，本书赠送配套的图片素材、案例源文件、PPT教学课件、教学大纲和教案，方便读者学习和教师开展教学工作。

资源获取

本书提供的配套资源，读者可扫描右侧二维码，推送到自己的邮箱后下载获取，也可直接扫描书中二维码，观看教学视频。

配套资源

读者对象

本书专为有意开设网店的新手，以及有一定经验希望进一步提升的网店经营者量身定制，是一本极佳的自学参考书籍。对于没有接触过网上开店或店铺装修的读者，无须参照其他书籍即可轻松入门；对于已经开设网店，并且对店铺装修有一定了解的读者，同样可以从中学习店铺配色、商品调色及视觉引流等方面的知识，快速提升网站制作与设计方面的综合能力。

本书作者

本书由曹培强、杜泰东和金忠波编著，参加编写的人员还有时延辉、王红蕾、陆沁、潘磊、刘冬美、王秋艳、尚彤、刘绍婕、陈美蓉、吴国新、葛久平、覃衍臻、殷晓峰、谷鹏、赵顿、张猛、齐新、王海鹏、刘爱华、王君赫、张杰、谷鹏、胡渤、张凝、周荣、周莉、陆鑫、刘智梅、付强、郭琼、肖荣光、肖志勇、王凤展、王子桐、李淼、李铭、李姝瑾、佟伟峰、孙晓华、郝文红、李乐、陈璧晖、王丽丽、杨晓鹏、李杰、王亚楠等。

由于编写时间仓促，且受作者水平所限，书中疏漏之处在所难免，敬请广大读者批评指正。

编　者

2024年10月

目
录

01

第1章

网店配色及商品图像采集

网上店铺的大量开启，催生了一个新的美工工种，也就是我们常说的网店美工。

网店美工不仅要掌握图片的美化与合成等基础知识，还必须精通网店的配色技巧，以及整体和局部的布局设计。对于专业从事网店美工设计的人员而言，掌握并精通Photoshop能够完成大部分的图像处理与设计任务。而若要进一步提升作品质量，掌握如CorelDRAW、Illustrator等矢量绘图软件，则更能为设计锦上添花。

通过网店美工的设计，能够使商品呈现出更加美观、更加吸引人的效果，如图1-1所示。

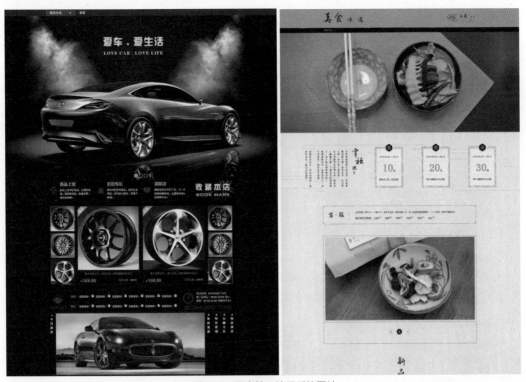

图1-1　网店美工处理后的图片

1.1 网店配色基础

在网店设计中，店铺的配色是影响其风格的重要因素，因为当买家进入店铺后，网店的页面色彩是给他们留下第一印象的重要因素。一个网店拥有漂亮的颜色配比，比其他任何设计元素都重要，因为色彩是主导人们视觉的第一要素，它可以产生强烈的视觉效果，给买家留下深刻的印象。

本节为大家讲解网店配色方面的基础知识。

1.1.1 色彩原理

掌握颜色的设置与搭配技巧，能够让我们在使用Photoshop时的工作效率更高。只有深入理解基本色彩原理，设计者才能创作出一致性的作品，而不是仅仅依靠偶然获得某种效果。

1. 颜色设置原理

在对颜色进行设置的过程中，大家可以依据加色原色(RGB)、减色原色(CMYK)和色轮来完成最终效果。

加色原色包括红色、绿色和蓝色三种色光，当它们按照不同的组合和强度叠加时，可以生成可见色谱中的各种颜色，如图1-2所示。当添加等量的红色、蓝色和绿色光时，可以生成白色；当完全缺少红色、蓝色和绿色光时，将生成黑色。计算机的显示器就是使用加色原色来创建颜色的设备。

减色原色由青色、洋红和黄色组成，当这些颜色按照不同的组合和比例混合在一起时，能够创建一个完整的色谱，如图1-3所示。打印机使用减色原色(青色、洋红色、黄色和黑色颜料)，并通过减色混合来生成颜色。

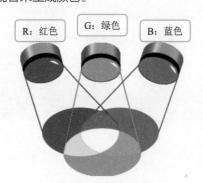

图1-2 加色原色(RGB颜色)

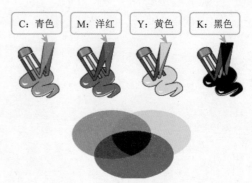

图1-3 减色原色(CMYK颜色)

在处理色彩平衡时，我们可以使用标准色轮，如图1-4所示。色轮可以预测当一个颜色的某个成分改变时，其他颜色会如何变化，并且它可以明确这些颜色的变化如何在 RGB 和 CMYK 颜色模型之间转换。例如，通过增加色轮中与某一颜色相反颜色的数量，可以有效减少图像中该颜色的呈现，反之亦然。在标准色轮上，处于相对位置的颜色被称为补色。同样，通过调整色轮上两个相邻颜色的配比，甚至将它们替换为各自的补色，可以实现对某种颜色的增加或减少。

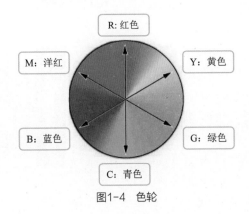

图1-4　色轮

2. 色彩调和原理

三原色：RGB颜色模式，由红、绿、蓝三种颜色定义，广泛应用于电子设备如电视和电脑中，同时在传统摄影领域有所运用。在电子时代到来之前，RGB颜色模型已经基于人类对颜色的感知建立了坚实的理论基础，如图1-5所示。

在美术中，红、黄、蓝被定义为色彩三原色，如图1-6所示。

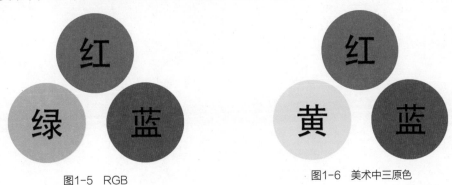

图1-5　RGB

图1-6　美术中三原色

二次色：三原色中任何两种原色等量混合后所产生的颜色称为二次色。在RGB颜色模式中，红色与绿色混合变为黄色，红色与蓝色混合变为紫色，蓝色与绿色混合变为青色，如图1-7所示。

在美术中，使用三原色调出二次色，则是红色与黄色混合得到橙色，黄色与蓝色混合得到绿色，蓝色与红色混合得到紫色，如图1-8所示。

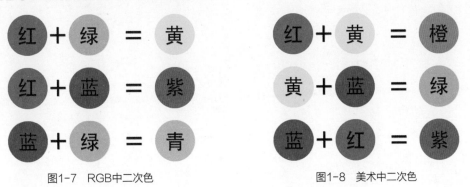

图1-7　RGB中二次色

图1-8　美术中二次色

1.1.2 网页安全色

网店中的颜色通常要使用网页安全色。网页安全色是指当红色、绿色、蓝色的颜色数字信号值分别为0、51、102、153、204、255时，所构成的颜色组合。这些颜色组合共有216种，其中包括彩色210种，非彩色6种，如图1-9所示。

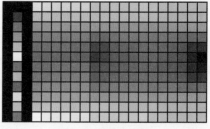

图1-9 网页安全色

网页安全色是在不同的硬件环境、不同的操作系统、不同的浏览器中，都能够正常显示的颜色集合(调色板)。也就是说，这些颜色在任何终端浏览设备上的显示效果都是相同的。因此，使用网页安全色进行网页配色，可以避免颜色失真等问题。

网页安全色的颜色编码对照表，如图1-10所示。

000000 R - 000 G - 000 B - 000	333333 R - 051 G - 051 B - 051	666666 R - 102 G - 102 B - 102	999999 R - 153 G - 153 B - 153	CCCCCC R - 204 G - 204 B - 204	FFFFFF R - 255 G - 255 B - 255
000033 R - 000 G - 000 B - 051	333300 R - 051 G - 051 B - 000	666600 R - 102 G - 102 B - 000	999900 R - 153 G - 153 B - 000	CCCC00 R - 204 G - 204 B - 000	FFFF00 R - 255 G - 255 B - 000
000066 R - 000 G - 000 B - 102	333366 R - 051 G - 051 B - 102	666633 R - 102 G - 102 B - 051	999933 R - 153 G - 153 B - 051	CCCC33 R - 204 G - 204 B - 051	FFFF33 R - 255 G - 255 B - 051
000099 R - 000 G - 000 B - 153	333399 R - 051 G - 051 B - 153	666699 R - 102 G - 102 B - 153	999966 R - 153 G - 153 B - 102	CCCC66 R - 204 G - 204 B - 102	FFFF66 R - 255 G - 255 B - 102
0000CC R - 000 G - 000 B - 204	3333CC R - 051 G - 051 B - 204	6666CC R - 102 G - 102 B - 204	9999CC R - 153 G - 153 B - 204	CCCC99 R - 204 G - 204 B - 153	FFFF99 R - 255 G - 255 B - 153
0000FF R - 000 G - 000 B - 255	3333FF R - 051 G - 051 B - 255	6666FF R - 102 G - 102 B - 255	9999FF R - 153 G - 153 B - 255	CCCCFF R - 204 G - 204 B - 255	FFFFCC R - 255 G - 255 B - 204
003300 R - 000 G - 051 B - 000	336633 R - 051 G - 102 B - 051	669966 R - 102 G - 153 B - 102	99CC99 R - 153 G - 204 B - 153	CCFFCC R - 204 G - 255 B - 204	FF00FF R - 255 G - 000 B - 255
006600 R - 000 G - 102 B - 000	339933 R - 051 G - 153 B - 051	66CC66 R - 102 G - 204 B - 102	99FF99 R - 153 G - 255 B - 153	CC00CC R - 204 G - 000 B - 204	FF33FF R - 255 G - 051 B - 255
009900 R - 000 G - 153 B - 000	33CC33 R - 051 G - 204 B - 051	66FF66 R - 102 G - 255 B - 102	990099 R - 153 G - 000 B - 153	CC33CC R - 204 G - 051 B - 204	FF66FF R - 255 G - 102 B - 255
00CC00 R - 000 G - 204 B - 000	33FF33 R - 051 G - 255 B - 051	660066 R - 102 G - 000 B - 102	993399 R - 153 G - 051 B - 153	CC66CC R - 204 G - 102 B - 204	FF99FF R - 255 G - 153 B - 255
00FF00 R - 000 G - 255 B - 000	330033 R - 051 G - 000 B - 051	663366 R - 102 G - 051 B - 102	996699 R - 153 G - 102 B - 153	CC99CC R - 204 G - 153 B - 204	FFCCFF R - 255 G - 204 B - 255
00FF33 R - 000 G - 255 B - 051	330066 R - 051 G - 000 B - 102	663399 R - 102 G - 051 B - 153	9966CC R - 153 G - 102 B - 204	CC99FF R - 204 G - 153 B - 255	FFCC00 R - 255 G - 204 B - 000
00FF66 R - 000 G - 255 B - 102	330099 R - 051 G - 000 B - 153	6633CC R - 102 G - 051 B - 204	9966FF R - 153 G - 102 B - 255	CC9900 R - 204 G - 153 B - 000	FFCC33 R - 255 G - 204 B - 051
00FF99 R - 000 G - 255 B - 153	3300CC R - 051 G - 000 B - 204	6633FF R - 102 G - 051 B - 255	996600 R - 153 G - 102 B - 000	CC9933 R - 204 G - 153 B - 051	FFCC66 R - 255 G - 204 B - 102
00FFCC R - 000 G - 255 B - 204	3300FF R - 051 G - 000 B - 255	663300 R - 102 G - 051 B - 000	996633 R - 153 G - 102 B - 051	CC9966 R - 204 G - 153 B - 102	FFCC99 R - 255 G - 204 B - 153
00FFFF R - 000 G - 255 B - 255	330000 R - 051 G - 000 B - 000	663333 R - 102 G - 051 B - 051	996666 R - 153 G - 102 B - 102	CC9999 R - 204 G - 153 B - 153	FFCCCC R - 255 G - 204 B - 204
00CCCC R - 000 G - 204 B - 204	33FFFF R - 051 G - 255 B - 255	660000 R - 102 G - 000 B - 000	993333 R - 153 G - 051 B - 051	CC6666 R - 204 G - 102 B - 102	FF9999 R - 255 G - 153 B - 153
009999 R - 000 G - 153 B - 153	33CCCC R - 051 G - 204 B - 204	66FFFF R - 102 G - 255 B - 255	990000 R - 153 G - 000 B - 000	CC3333 R - 204 G - 051 B - 051	FF6666 R - 255 G - 102 B - 102
006666 R - 000 G - 102 B - 102	339999 R - 051 G - 153 B - 153	66CCCC R - 102 G - 204 B - 204	99FFFF R - 153 G - 255 B - 255	CC0000 R - 204 G - 000 B - 000	FF3333 R - 255 G - 051 B - 051

003333 R - 000 G - 051 B - 051	336666 R - 051 G - 102 B - 102	669999 R - 102 G - 153 B - 153	99CCCC R - 153 G - 204 B - 204	CCFFFF R - 204 G - 255 B - 255	FF0000 R - 255 G - 000 B - 000
003366 R - 000 G - 051 B - 102	336699 R - 051 G - 102 B - 153	6699CC R - 102 G - 153 B - 204	99CCFF R - 153 G - 204 B - 255	CCFF00 R - 204 G - 255 B - 000	FF0033 R - 255 G - 000 B - 051
003399 R - 000 G - 051 B - 153	3366CC R - 051 G - 102 B - 204	6699FF R - 102 G - 153 B - 255	99CC00 R - 153 G - 204 B - 000	CCFF33 R - 204 G - 255 B - 051	FF0066 R - 255 G - 000 B - 102
0033CC R - 000 G - 051 B - 204	3366FF R - 051 G - 102 B - 255	669900 R - 102 G - 153 B - 000	99CC33 R - 153 G - 204 B - 051	CCFF66 R - 204 G - 255 B - 102	FF0099 R - 255 G - 000 B - 153
0033FF R - 000 G - 051 B - 255	336600 R - 051 G - 102 B - 255	669933 R - 102 G - 153 B - 051	99CC66 R - 153 G - 204 B - 102	CCFF99 R - 204 G - 255 B - 153	FF00CC R - 255 G - 000 B - 204
0066FF R - 000 G - 102 B - 255	339900 R - 051 G - 153 B - 000	66CC33 R - 102 G - 204 B - 051	99FF66 R - 153 G - 255 B - 102	CC0099 R - 204 G - 000 B - 153	FF33CC R - 255 G - 051 B - 204
0099FF R - 000 G - 153 B - 255	33CC00 R - 051 G - 204 B - 000	66FF33 R - 102 G - 255 B - 051	990066 R - 153 G - 000 B - 102	CC3399 R - 204 G - 051 B - 153	FF66CC R - 255 G - 102 B - 204
00CCFF R - 000 G - 204 B - 255	33FF00 R - 051 G - 255 B - 000	660033 R - 102 G - 000 B - 051	993366 R - 153 G - 051 B - 102	CC6699 R - 204 G - 102 B - 153	FF99CC R - 255 G - 153 B - 204
00CC33 R - 000 G - 204 B - 051	33FF66 R - 051 G - 255 B - 102	660099 R - 102 G - 000 B - 153	9933CC R - 153 G - 051 B - 204	CC66FF R - 204 G - 102 B - 255	FF9900 R - 255 G - 153 B - 000
00CC66 R - 000 G - 204 B - 102	33FF99 R - 051 G - 255 B - 153	6600CC R - 102 G - 000 B - 204	9933FF R - 153 G - 051 B - 255	CC6600 R - 204 G - 102 B - 000	FF9933 R - 255 G - 153 B - 051
00CC99 R - 000 G - 204 B - 153	33FFCC R - 051 G - 255 B - 204	6600FF R - 102 G - 000 B - 255	993300 R - 153 G - 051 B - 000	CC6633 R - 204 G - 102 B - 051	FF9966 R - 255 G - 153 B - 102
009933 R - 000 G - 153 B - 051	33CC66 R - 051 G - 204 B - 102	66FF99 R - 102 G - 255 B - 153	9900CC R - 153 G - 000 B - 204	CC33FF R - 204 G - 051 B - 255	FF6600 R - 255 G - 102 B - 000
006633 R - 000 G - 102 B - 051	339966 R - 051 G - 153 B - 102	66CC99 R - 102 G - 204 B - 153	99FFCC R - 153 G - 255 B - 204	CC00FF R - 204 G - 000 B - 255	FF3300 R - 255 G - 051 B - 000
009966 R - 000 G - 153 B - 102	33CC99 R - 051 G - 204 B - 153	66FFCC R - 102 G - 255 B - 204	9900FF R - 153 G - 000 B - 255	CC3300 R - 204 G - 051 B - 000	FF6633 R - 255 G - 102 B - 051
0099CC R - 000 G - 153 B - 204	33CCFF R - 051 G - 204 B - 255	66FF00 R - 102 G - 255 B - 000	990033 R - 153 G - 000 B - 051	CC3366 R - 204 G - 051 B - 102	FF6699 R - 255 G - 102 B - 153
0066CC R - 000 G - 102 B - 204	3399FF R - 051 G - 153 B - 255	66CC00 R - 102 G - 204 B - 000	99FF33 R - 153 G - 255 B - 051	CC0066 R - 204 G - 000 B - 102	FF3399 R - 255 G - 051 B - 153
006699 R - 000 G - 102 B - 153	3399CC R - 051 G - 153 B - 204	66CCFF R - 102 G - 204 B - 255	99FF00 R - 153 G - 255 B - 000	CC0033 R - 204 G - 000 B - 051	FF3366 R - 255 G - 051 B - 102

图1-10 网页安全色的颜色编码对照表

1.1.3　网店色彩分类

在设计网店页面时，色彩首先被划分为无彩色和有彩色两大类别，进而根据色彩在页面中所起的功能性作用，又可将其细分为静态色彩、动态色彩和强调色彩三种。

1. 无彩色

无彩色是指黑色、白色和由黑、白两色相混合而形成的深浅不同的灰色。此类颜色不包括在可见光谱之中，故被称为无彩色。

采用黑色和白色搭配的网店设计，可以显著提升内容的清晰度，如图1-11所示。这种搭配既可以是白底黑字，也可以是黑底白字，而通过灰色作为中间过渡进行分割，能够使页面内容看起来更加和谐统一。此外，无彩色的背景还具有与任何颜色灵活搭配的优势。

图1-11　无彩色网店页面

2. 有彩色

有彩色是指除了白色、黑色，以及一系列中性灰色的其他各种颜色，如红、黄、蓝、绿、紫等。有彩色不仅具有一定的明度值，还具有彩度值(包括色调和鲜艳度)。图1-12为有彩色色轮。

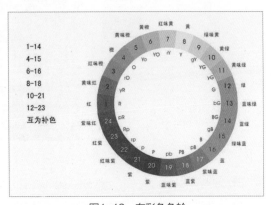

图1-12　有彩色色轮

采用有彩色进行装修的店铺，能更有效地利用色彩衬托产品，同时为店铺增添独特的氛围或气质，如图1-13所示。

图1-13　有彩色网店页面

3. 静态色彩与动态色彩

在网店页面设计中，静态色彩并非指色彩本身处于静止状态，而是指结构色彩、背景色彩和边框色彩等带有特殊识别意义的，决定店面色彩风格的色彩；动态色彩也不是指动画中运动物体携带的色彩，而是指插图、照片和广告等复杂图像中带有的色彩，这些色彩通常无法用单一色相去描绘，并且带有多种不同色调，随着图像在页面不同位置的使用，动态色彩也要随之变换。网店页面中，静态色彩与动态色彩的运用，如图1-14所示。

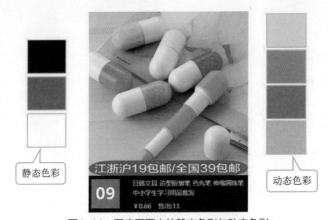

图1-14　网店页面中的静态色彩与动态色彩

4. 强调色彩

强调色彩又称为突出色彩，在网店页面设计中扮演着特殊角色。它用于实现特定的视觉效果，通过与静态色彩形成较大的对比和反差而凸显出来，或作为店招中带有广告推荐意义的特殊色彩，亦或运用不同色彩加注文字以达到突出重点的目的。如图1-15所示，作为强调色彩的文字、包装、插图等，与静态色彩的背景产生了强烈的对比。

图1-15　强调色彩

1.1.4　网店页面色彩搭配

进入店铺后，买家的第一印象就是店铺的页面配色。通常情况下色彩与人的心理感觉和情绪有一定的关系，利用这一点可以在设计时为店铺塑造独特的色彩效果，从而给买家留下较深刻的印象，以此来增加商品售出率。在进行网店色彩搭配时，可以按照色相、印象和色系进行分类。

1. 按色相分类进行色彩搭配

常见的色彩搭配可以按照色相分类，每类都以一种色相为主，配以其他色相或者同色相的色彩，应用对比与调和的方法，并按照从轻快到浓烈的顺序排列。

1) 红色

在众多颜色里，红色是最鲜明生动、热烈的颜色，所以红色也是代表热情的情感之色，鲜明的红色极易吸引人们的目光。网店中无论是整体还是图像都不可能仅使用一种颜色进行设计，因此在选择红色作为店铺主色调时，也要选择一种或几种与红色相配的色彩。常见的红色配色方案，如图1-16所示。

—提　示—

红色是三原色之一，它能和绿色、蓝色调出任意色彩。例如，红色和蓝色混合得到紫色，红色和黄色混合得到橙色。红色和绿色是对比色；红色的补色是青色。

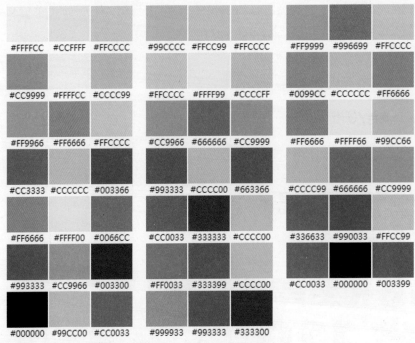

图1-16　常见的红色配色方案

2) 橙色

橙色具有轻快、欢欣、收获、温馨、时尚的视觉效果，是一种表达快乐、喜悦、能量的色彩。橙色，又称橘色，为二次色，是红色与黄色的混合色。在光谱上，橙色介于红色和黄色之间。

红、橙、黄三色，均被称为暖色，属于引人注目、给人芳香感和引起食欲的颜色。橙色可作为美食类网络店铺的布置色，以增加客人的食欲。常见的橙色配色方案，如图1-17所示。

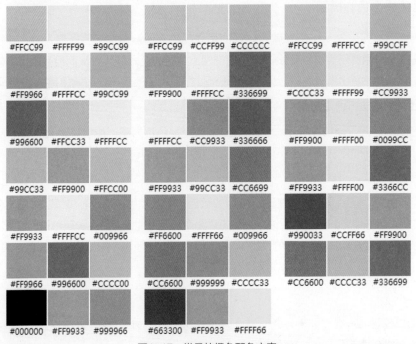

图1-17　常见的橙色配色方案

橙色在HSB数值的H中为30度，是正橙色。橙色是一种非常明亮、引人注目的颜色。橙色的对比色是蓝色，这两种颜色的彩度倾向越明确，对比强度就越大。随着纯度的提升，橙色和绿色所呈现的对比效果也会越来越强烈。

3) 黄色

黄色具有活泼与轻快的特点，它象征光明、希望、高贵、愉快。黄色的亮度最高，具有快乐、希望、智慧和轻快的个性，与其他颜色搭配让人感到很活泼，有温暖感。黄色在网络店铺中的应用相当广泛，通常用于食品店铺、儿童产品店铺、家居店铺、旅游休闲店铺，以及打折和促销活动中。常见的黄色配色方案，如图1-18所示。

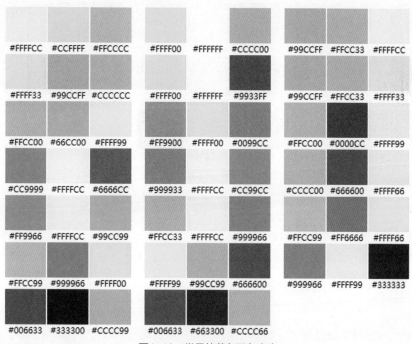

图1-18　常见的黄色配色方案

黄色可与众多颜色搭配，与红色搭配可以营造一种吉祥喜悦的气氛；与绿色搭配会显得有朝气、活力；与蓝色搭配可以显得美丽、清新；淡黄色与深黄色搭配，可以衬托出高雅。但是，黄色在与白色搭配时要特别注意，因为白色可以吞没黄色的色彩，使人看不清楚。另外，深黄色最好不要与深紫色、深蓝色、深红色搭配，这样会使人感觉晦涩与沉闷；淡黄色也不要与明度相当的色彩搭配，要拉开明度上的层次关系。

4) 绿色

绿色处于蓝色和黄色(冷暖)之间，属于比较中庸的颜色，这使得绿色的个性最为平和、安稳、大度、宽容。绿色是一种柔顺、恬静的颜色，也是网店页面中使用最为广泛的颜色之一，常用于环保与自然主题的店铺、健康与美容店铺、教育与培训店铺、生活与家居店铺、科技与创新店铺等。常见的绿色配色方案，如图1-19所示。

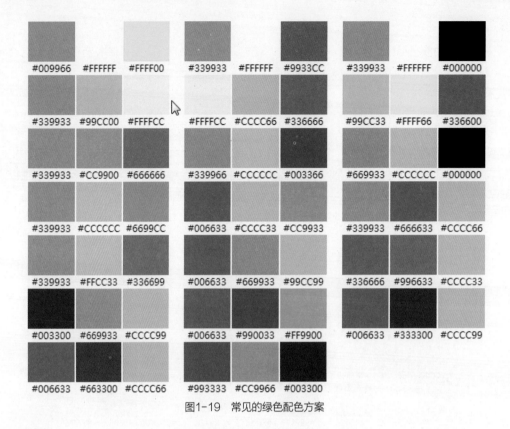

图1-19　常见的绿色配色方案

提　示

当绿色中黄色的成分较多时，其性格就趋于活泼、友善，具有幼稚性；当绿色中加入少量的黑色时，其性格就趋于庄重、老练、成熟；当绿色中加入少量的白色时，其性格就趋于洁净、清爽、鲜嫩。

---

5) 蓝色

蓝色是色彩中比较沉静的颜色，其象征着永恒与深邃、高远与博大、壮阔与浩渺，是令人心境畅快的颜色。此外，蓝色又有消极、冷淡、保守等含义。蓝色与红色、黄色等运用得当，能构成和谐的对比关系，常用于数码与家电类、金属与保险类、男性服饰与配饰类、美妆与护肤类、运动类等网络店铺中。常见的蓝色配色方案，如图1-20所示。

提　示

在蓝色中添加少量的红、黄、橙、白等颜色，均不会对蓝色的性格构成比较明显的影响；如果蓝色中加入比较多的黄色成分，其性格就会趋于甜美、亮丽、芳香；在蓝色中混入少量的白色，可使蓝色的性格趋于焦躁、无力。

---

6) 紫色

紫色是最具优雅气质的颜色，其给人以成熟与神秘感，是女性的专属色之一。紫色的明度在有彩色中是最低的，给人一种沉闷、神秘的感觉。紫色拥有优雅、高贵的气质，常作为高端时尚、奢侈品、个人护理、艺术创意、健康养生、女性服装配饰等网络店铺的配色。常见的紫色配色方案，如图1-21所示。

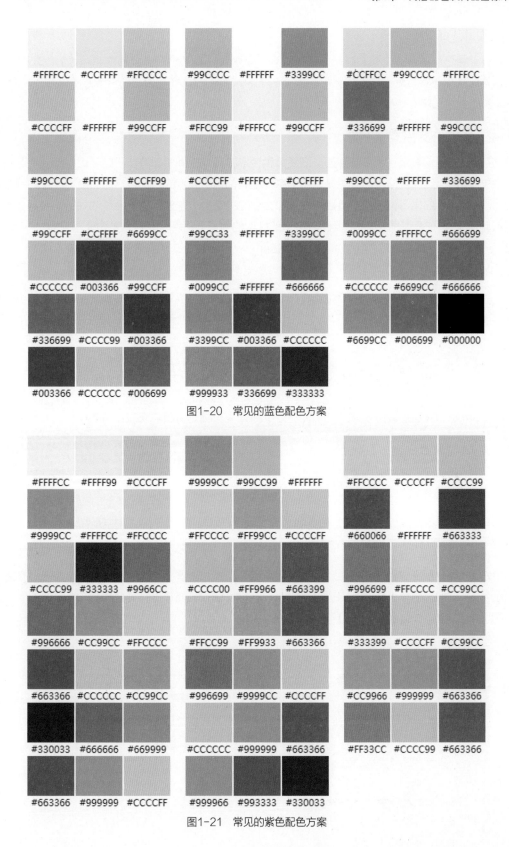

图1-20　常见的蓝色配色方案

图1-21　常见的紫色配色方案

当紫色中红色的成分较多时，其性格就具有压抑感、威胁感；当紫色中加入少量的黑色时，其性格就趋于神秘、难以捉摸、高贵；当紫色中加入白色时，可使紫色沉闷的感觉消失，变得优雅、娇气，并充满女性的魅力。

2. 按印象分类进行色彩搭配

色彩搭配看似复杂，但并不神秘。既然每种色彩在印象空间中都有自己的位置，那么色彩搭配得到的印象可以用加减法来近似估算。如果每种色彩都是高亮度的，那么它们的叠加产生的颜色自然会是明亮的；如果每种色彩都是浓烈的，那么它们的叠加产生的颜色就会是浓烈的。当然在实际设计过程中，设计师还要考虑到使用同样亮度和纯度的色彩，在色环上的角度不同，搭配起来会产生千变万化的效果。因此，色彩除了可以按色相搭配，还可以将视觉印象作为搭配分类的方法。

1) 明亮、温柔

亮度高的色彩搭配在一起会产生明亮、温柔的感觉。为了避免视觉效果太过强烈，设计师一般会使用低亮度的前景色来调和，如图1-22所示。此类色彩搭配常用于与女性有关的网店中。

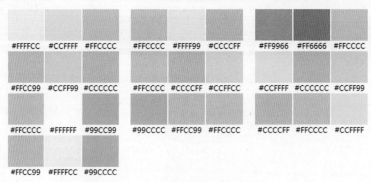

图1-22　明亮、温柔的配色方案

2) 洁净、爽朗

使用色环中蓝到绿相邻的颜色，可以塑造清洁、爽朗的印象。这些颜色的亮度应偏高，并且每组颜色中都应加入白色进行调和，也可以用蓝、绿相反色相的高亮度有彩色代替白色，如图1-23所示。此类色彩常用于与厨卫有关的网店。

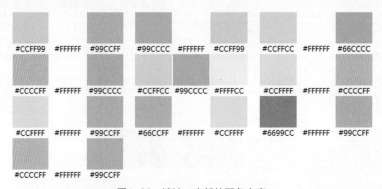

图1-23　清洁、爽朗的配色方案

3) 可爱、有趣

要想给人以可爱、有趣的印象，应采用色相分布均匀、冷暖搭配得当、饱和度高且色彩分辨度高的色彩搭配方案，如图1-24所示。此类色彩常用于与儿童有关的网店中。

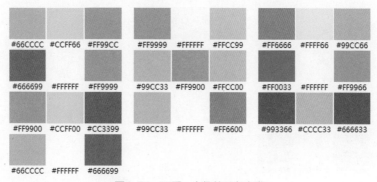

图1-24　可爱、有趣的配色方案

4) 活泼、快乐

为了营造活泼、快乐的氛围，可选择丰富多样的色彩，最重要的是将纯白色用低饱和度的有彩色或者灰色取代，如图1-25所示。此类色彩搭配常用于经营儿童用品的网店中。

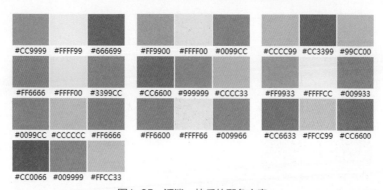

图1-25　活泼、快乐的配色方案

5) 动感、轻快

为了表现动感，需要强化色彩的激烈性与刺激性，还要传达出健康、快乐、阳光的氛围，因此饱和度较高、亮度偏低的色彩适合用在这类场合中，如图1-26所示。此类色彩搭配常用于经营运动用品的网店中。

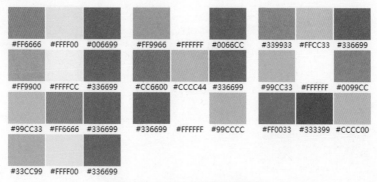

图1-26　动感、轻快的配色方案

6) 华丽、充沛

要想给人以华丽、充沛的印象，页面要充满色彩，并且饱和度偏高，而亮度的适当减弱则能强化这种印象，如图1-27所示。此类色彩搭配常用于经营户外运动用品的网店中。

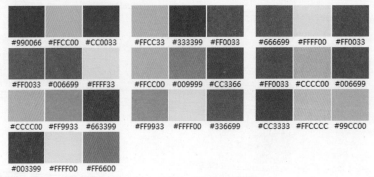

图1-27　华丽、充沛的配色方案

7) 狂野、动感

要给人以狂野、动感的印象，低亮度的色彩必不可少，甚至可以适当搭配黑色，同时其他有彩色部分的饱和度需较高，对比也要强烈，如图1-28所示。此类配色常用于经营户外运动用品的网店中。

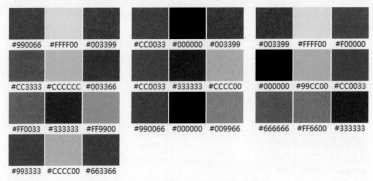

图1-28　狂野、动感的配色方案

8) 花哨、艳丽

为了突出花哨和艳丽的感觉，紫色和红色常作为主角色彩，同时粉红色和绿色也是常用的搭配色相。通常这些颜色之间会采用高饱和度的搭配方式，如图1-29所示。此类配色常用于经营女性用品的网店中。

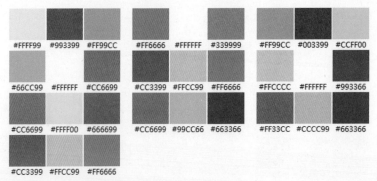

图1-29　花哨、艳丽的配色方案

9) 回味、优雅

为了营造一种优雅且令人回味的感觉，通常需要降低色彩的饱和度，在搭配时可以选择蓝色和红色之间的相邻色进行组合，并适当调节它们的亮度和饱和度以达到和谐的效果，如图1-30所示。此类配色常用于经营女性用品的网店中。

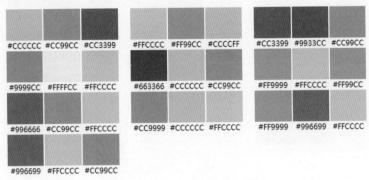

图1-30 回味、优雅的配色方案

10) 自然、安稳

为了营造出安稳、祥和的氛围，通常会选用低亮度的黄绿色，并通过降低色彩亮度，同时平衡色彩之间的关系来实现，如图1-31所示。此类色彩常用于经营老人用品的网店中。

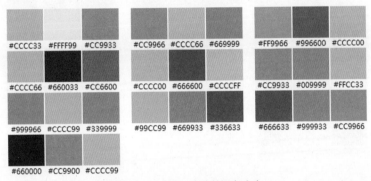

图1-31 自然、安稳的配色方案

11) 冷静、自然

为了强调冷静、自然的印象，可以选择绿色作为页面的主要色彩，但由于绿色可能带来过于平和的感觉，因此在设计中需要特别重视图案元素的运用，如图1-32所示。此类配色常用于经营绿色天然产品的网店中。

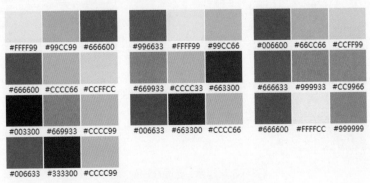

图1-32 冷静、自然的配色方案

12) 高雅、优雅

为了给人以高雅、优雅的印象，棕色是极为合适的选择，而且为了达到最佳效果，需要将饱和度适当降低，如图1-33所示。此类配色常用于经营家纺居家用品的网店中。

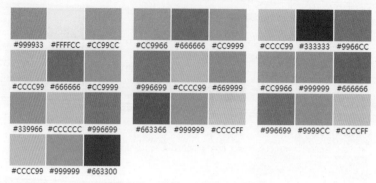

图1-33　高雅、优雅的配色方案

13) 传统、古典

传统、古典都给人以保守的印象，在色彩的选择上，应尽量倾向于使用低亮度的暖色调，这种搭配恰能契合成熟的审美观，如图1-34所示。此类配色常用于经营家具建材产品的网店中。

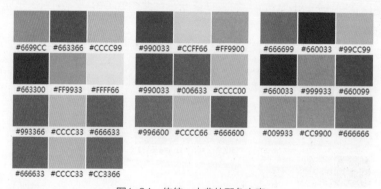

图1-34　传统、古典的配色方案

14) 忠厚、稳重

采用亮度、饱和度偏低的色彩，能够营造出一种忠厚、稳重的感觉，而为了避免这种色彩搭配显得过于保守，导致页面僵化、消极，应当注重冷暖结合和明暗对比，如图1-35所示。此类配色常用于经营珠宝或仿古产品的网店中。

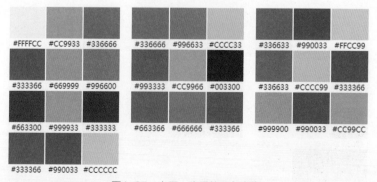

图1-35　忠厚、稳重的配色方案

15) 简单、洁净

要表现简单、洁净，可以使用蓝色和绿色，并大面积留白，也可以使用蓝色搭配低饱和度的颜色甚至灰色，如图1-36所示。此类配色常用于经营男性用品的网店中。

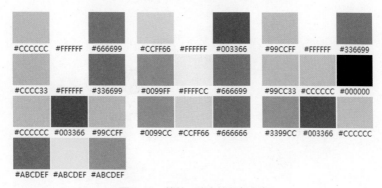

图1-36 简单、洁净的配色方案

16) 简约、时尚

灰色是最为平衡的色彩，并且是表现塑料、金属质感的主要色彩之一。因而要表达简约、时尚的感觉，可以适当甚至大面积使用灰色，但是要注重图案和质感的表现，如图1-37所示。此类配色常用于经营男性用品的网店中。

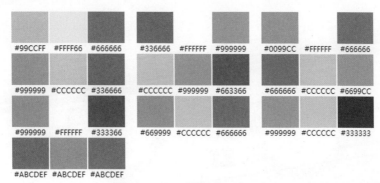

图1-37 简约、时尚的配色方案

17) 简单、进步

要表现简单、进步的感觉，色彩多以灰色、蓝色和绿色作为主导，这些色彩在网页设计中能够展现出时尚且大方的个性特点，如图1-38所示。此类色彩常用于与男性有关的网店中。

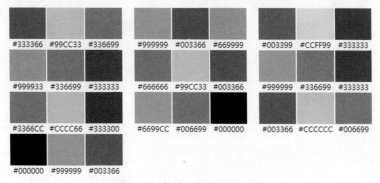

图1-38 简单、进步的配色方案

3. 按色系分类配色

根据色彩学上基于心理感受的分类方法，色彩被划分为暖色系(红、橙、黄)、冷色系(紫、绿、青、蓝)，以及中性色(黑、灰、白)，图1-39所示即为冷暖色系色相的分布。

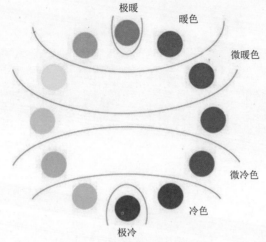

图1-39　冷暖色系色相分布

1.1.5　网店图像配色

网店中的图像可以按照色相搭配法则进行配色。具体的颜色搭配，大家可以参考图1-40所示的色环。

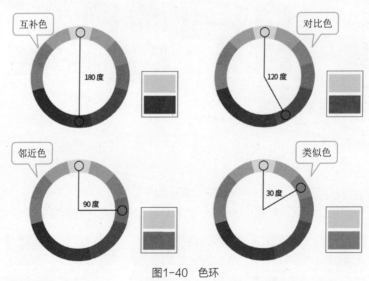

图1-40　色环

1.2　商品色调风格调整

在上传网店商品时，经常会出现商品颜色不够丰富、拍摄者角度把握不当、天气影响导致照片曝光不足等问题。此时，我们就需要借助一些软件来弥补以上的遗漏或遗憾，进行风格的调整，对商品进行突出处理。

拍摄后的图像都会或多或少存在一些问题，在处理时大致要进行曝光调整、色彩调整、整体调整、瑕疵修复和清晰度调整5个主要步骤，具体可以参考图1-41所示的网店商品图像编修流程。通过这几个步骤，可以完成对图像过暗、过亮、偏色、模糊、瑕疵等问题的修复与调整。

1. 曝光调整	2. 色彩调整	3. 整体调整	4. 瑕疵修复	5. 清晰度调整
• 查看相片的明暗分布状况 • 调整整体亮度与对比度 • 修正局部区域的亮度与对比度	• 移除整体色偏 • 修复局部区域的色偏 • 强化图像的色彩 • 更改图像色调	• 转正横躺的直幅相片与歪斜相片 • 矫正变形图像 • 裁剪图像并修正构图 • 调整图像大小 • 更改画布大小	• 清除脏污与杂点 • 去除多余的杂物 • 人物美容	• 增强图像锐化度 • 提升照片的清晰效果 • 改善模糊相片

图1-41　网店商品图像编修流程

1.2.1　商品颜色的调整

商品颜色调整是一个综合性的过程，包括调整图片色偏、精准修复局部区域的色差、强化图像整体色彩饱和度，以及根据需要更改图像的整体色调，旨在提升商品的视觉吸引力，确保色彩表现精准无误，满足市场需求和消费者审美。

课堂案例　更换商品的颜色

现在的商品种类繁多、色彩缤纷，但在拍摄商品时，可能因为样品颜色不全，导致某些颜色的商品未被拍摄，进而无法上传。若要等到所有颜色的商品到货后再进行拍摄，就会浪费很多时间。这时，我们只要使用Photoshop中的"色相/饱和度"命令，就可以轻松将一种颜色的商品变为多种颜色，具体操作如下。

扫码看视频

① 启动Photoshop软件，打开附带资源中的"素材"/"第1章"/"儿童卫衣"素材，如图1-42所示。

② 执行菜单"图层"/"新建调整图层"/"色相/饱和度"命令，打开"色相/饱和度"属性面板，调整衣服局部的颜色，这里我们选择"青色"，拖动"色相"滑块，此时通过预览可以看到衣服局部的颜色发生了变化，如图1-43所示。

图1-42　打开"儿童卫衣"素材

图1-43　调整衣服局部色相

③ 继续在"色相/饱和度"属性面板中调整不同"色相"参数，可以得到多种颜色，效果如图1-44所示。

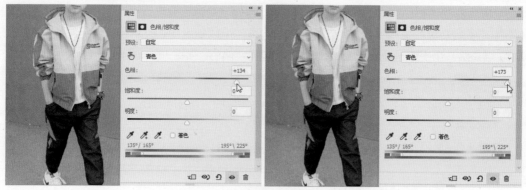

图1-44　完成其他衣服颜色的调整

技　巧

使用"色相/饱和度"命令调整图像中的颜色时，调整范围如果选择单色，会只针对选择的颜色进行调整；如果选择的是全图，会针对所有颜色进行调整；创建选区后，只对选区内的图像颜色进行调整，如图1-45所示。灰度图像要想改变色相，必须先选中"着色"复选框。

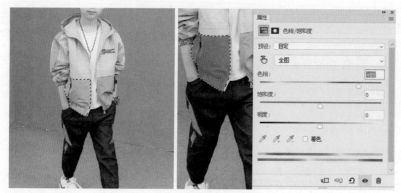

图1-45　调整选区内的色相

1.2.2　商品亮度的调整

在打造商品视觉效果的过程中，亮度的调整是不可或缺的一环。通过精心调整图片与商品的亮度与对比度，可以使商品在画面中更加突出、立体，不仅提升了商品的视觉吸引力，更让顾客在浏览时产生良好的视觉体验，从而有效促进商品的销售转化。

课堂案例　**挽救曝光不足的商品图片**

在拍摄商品图片时，经常会出现由于曝光不足而产生画面发灰或发黑的情况，从而影响图片的质量。为了获得最佳的照片效果，可以使用Photoshop对其进行编修，具体操作如下。

扫码看视频

① 启动Photoshop软件，打开附带资源中的"素材"/"第1章"/"高跟鞋"素材，如图1-46所示。

② 从打开的素材中，我们可以看到由于曝光不足，照片感觉就像蒙上了一层灰。执行菜单"图像"/"调整"/"色阶"命令，打开"色阶"对话框。在"色阶"对话框中，向左拖动"阴影"控制滑块到有像素分布的区域，如图1-47所示。

图1-46 打开"高跟鞋"素材

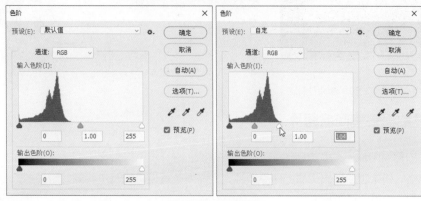

图1-47 调整色阶

—— 技 巧 ——

在"色阶"对话框中，拖动控制滑块可以对图像进行色阶调整，也可以在数值框中直接输入数值对图像的色阶进行调整。

③ 调整完毕，单击"确定"按钮，最终效果如图1-48所示。

图1-48 最终效果

—举 一 反 三—

对于初学者来说，可能不太习惯使用对话框调整图像，我们可以通过自动执行的命令，解决曝光不足产生的图片灰暗的问题。只要执行菜单"图像"/"自动色调"命令，就可以快速调整曝光不足的照片，如图1-49所示。

图1-49　自动调整后的效果

1.3 通过拍摄采集商品图片

网店中的商品图片，大多由店铺的工作人员拍摄，这样做的好处在于能够为照片赋予独特且统一的店铺风格。如果想拍摄出优质的商品照片，就需要了解相机的基本功能，明确拍摄所需的辅助器材，熟悉商品拍摄的要求与技巧，以及商品拍摄时的布局等相关知识。

1.3.1 相机的基本功能

买家主要通过网店中一张张的商品展示图片来了解其功能，而这些图片的主要来源是通过相机拍摄的。对于拍摄网店商品所用的相机，并非价格越贵越好。淘宝网对上传的商品图片有明确要求，即图片需达到800×800像素以上，且格式为JPG或GIF。由此可见，网店商品图片对相机的像素值要求并不高，使用300万像素的相机即可满足拍摄需求。但为了确保拍摄的图像对焦准确、画面清晰且色差较小，建议还是选择单反相机进行商品的拍摄。

本节为大家讲解相机的选择、拍摄设置等方面的知识。

1. 相机的选择

当今市面上流行的相机品牌众多，如索尼、尼康、佳能、三星等。对于拍摄网店商品的相机，最好具备以下4点特性。

- **适合的感光元件**：市面上数码相机的感光元件主要有全面幅、APS-C、FoveonX3、2/3英寸、1/1.8英寸、1/2.5英寸、1/2.7英寸、1/3.2英寸等多种规格。为了确保拍摄质量，建议选择感光元件尺寸在1/1.8英寸或以上的相机。
- **灵活的手动模式(M档)**：根据拍摄物品所处的环境，可以自行调整各种设置。
- **必备的热靴插槽**：可以外接相机的辅助设备。

● **强劲的微距功能**：可以拍摄细小零部件。如果我们使用的相机是普通的数码相机，那么要考虑是否有微距功能；如果我们使用的是单反相机，那么应该考虑配套的镜头是否有微距功能。

数码相机按用途可以简单分为单反数码相机、卡片相机、长焦相机和家用相机。单反数码相机是指单镜头反光数码相机，可以根据需求更换不同的镜头，达到不同的效果。卡片相机价格相对比较便宜，小巧轻便，并具有方便携带的优势。长焦相机指的是具有较大光学变焦倍数的机型，光学变焦倍数越大，能拍摄的景物就越远。业内对家用相机的定义不是很清楚，一般对成像没有特别高的要求，主要用来拍摄人物的相机都可称为家用相机。

目前，市面上常见的单反数码相机品牌有尼康(Nikon)、佳能(Canon)、索尼(SONY)等，如图1-50所示。其特点是通过更换镜头、增加附件，就可以满足几乎所有的拍摄需求，适应力极强。镜头采用精密的加工技术，感光元件CCD或CMOS面积较大，成像质量远超家用相机。

图1-50 三大品牌相机

2. 拍摄设置

在进行商品拍摄之前，需对相机进行一些必要的设置，这样才能拍摄出理想的商品图像。具体的拍摄设置如下。

1) 光圈

光圈是一个用来控制光线透过镜头，进入机身内感光面光亮的装置，如图1-51所示。光圈的大小与景深的深浅有着密切的关系：在其他参数设置不变的情况下，光圈值越小，景深就越浅，画面的背景就越模糊；光圈值越大，景深就越深，画面的背景就越清晰。在拍摄时，为了清晰地展现商品，建议将光圈值控制在f8及以上。

图1-51 光圈

2) ISO感光度

ISO感光度，是衡量相机传感器对光线敏感度的指标。ISO数值越大，对光线越敏感，画面越亮，同时画面噪点也会增加；反之，则画面暗淡。选择合适的ISO感光度是非常重要的，在保证光线亮度的情况下，用ISO50或者ISO100拍摄，会使画面更加细腻，设置方法如图1-52所示。

图1-52 ISO感光度

3) 快门速度

快门速度，是指相机快门打开，将光线照射到相机传感器上的时间长度。快门速度的衡量单位是秒，表达快门速度一般用1/×××秒来表示，分母越大，快门速度越快。例如，1/1000的快门速度远远超过1/30的快门速度。

数码相机的快门速度是成倍增加或减少的，通常会有以下几个快门速度的选择：1/500、1/250、1/125、1/60、1/30、1/15、1/8等。

快门速度的调节并非一个独立的操作，而是需要综合考虑ISO感光度、光圈值，以及光线条件，以确保产品照片的曝光准确无误。当使用闪光灯拍摄时，通常建议选择1/125秒的快门速度；而使用常亮灯时，则可能需要根据灯具的瓦数来调整快门速度，一般可以从1/60秒左右开始尝试，并通过了试拍获取正确的曝光。

在调节快门速度时，如果处于Tv档模式，直接转动手柄上的滚轮即可调节快门速度；在M档模式下时，按屏幕旁边的Q按钮，选中快门速度，然后转动手柄上的滚轮即可进行调节。

快门优先模式在相机模式转盘上或菜单中通常以字母S或Tv表示，在该模式下相机快门速度由摄影师控制，光圈大小则由相机根据曝光值自动判断。一般来说相机上都有一个用来控制快门速度的拨轮，如图1-53所示。

图1-53　快门优先模式

高速快门是指相机快门打开和关闭的时间非常短，通常以1/100秒或更快的速度捕捉动态画面，如图1-54所示。使用高速快门时，如果环境光线不足或镜头最大光圈偏小，无法满足正确曝光的需要，取景器中就会出现相应的警告信息。这种情况下，如果我们无法改变现场光线条件，就只能通过提高相机的感光度设置消除警告。

低速快门通常指快门速度在1/30秒或更慢的情况下拍摄，如图1-55所示。在使用低速快门时，如果环境光线过强，取景器中便会出现与高速快门光线不足时类似的警告信息。为了解决这个问题，可以调低感光度，但如果将感光度降至最低值警告依旧未消除，我们还可以通过安装中性灰滤镜减少进入镜头的光线量。

图1-54　使用高速快门

图1-55　使用低速快门

对于特定场景的拍摄，如果我们改变了相机中一个参数的值，就必须调整至少另外一个参数的值才能保证曝光正确。举个简单的例子，如果我们降低快门速度，就必须缩小光圈或降低感光度。

4) 准确对焦

准确对焦，是决定照片清晰度的关键因素，如图1-56所示。在拍摄过程中，我们先要对准拍摄的商品主体，并选择在对比鲜明的地方对焦，这样对焦会更加容易。然后半按快门，锁定对焦点。在保持半按快门的状态下，平移相机以调整构图至理想位置。最后完全按下快门进行拍摄。这里要注意是"平移"相机，而非前移或后移，因为一旦改变相机与商品主体的距离，焦点就会偏离原先设定的商品主体，导致拍摄出来的照片变得模糊。

图1-56　画面对焦效果

5) 白平衡调节

为了准确捕捉商品在各种光线下色彩的真实表现，我们需要充分利用数码相机的白平衡功能。数码相机配备了多种白平衡模式，包括自动白平衡、白炽灯模式、荧光灯模式、晴天模式、闪光灯模式、阴天模式等，如图1-57所示。

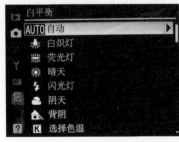

图1-57　相机的白平衡设置界面

万里无云的蓝天的色温约为10 000K，阴天约为7000～9000K，晴天日光直射下的色温约为5600K，荧光灯的色温约为4700K，碘钨灯的色温约为3200K，钨丝灯的色温约为2600K，日出或日落时的色温约为2000K，烛光下的色温约为1000K。

当相机自身预设的白平衡模式都无法还原商品色彩时，就需要自定义白平衡。自定义白平衡之前需要找到一个白色参照物，如纯白色的卡纸、白布等。具体的自定义白平衡的方法如下。

① 在相机开机状态下，将拍摄模式调整至光圈优先(Av/A)、快门优先(Tv/S)或手动模式(M)。

② 按下白平衡选择按钮，一边旋转相机拨轮，一边观察液晶屏，将白平衡模式切换为手动平衡。

③ 开启相机手动对焦模式，让白色参照物充满屏幕，完成对焦并拍摄标准曝光的照片。

④ 进入相机菜单列表，选择"自定义白平衡"并按下设置按钮，液晶屏上会显示刚刚拍摄完成的白色参照物，再次按下设置按钮即可。

3. 相机的拍摄模式

尽管不同的相机所配备的拍摄模式各有差异，但它们的设置方法基本相似。许多相机都具备手动模式，单反相机还带有预设模式，这些模式都是为了调节进光量而设计的。

1) AUTO(全自动模式)

AUTO是智能化程度最高的拍摄模式，用户只要取景、对焦、按下快门即可拍照。至于白平衡、快门、光圈、ISO感光度等值的设置，都可以交给相机自动处理。在此模式下，由于参数设置不精确，成像效果一般，缺乏特色。

2) P(程序自动曝光模式)

P模式由相机自动设置快门速度和光圈大小，与AUTO模式类似。如果曝光不准确，液晶显示屏上的快门速度与光圈值将以红色标记出来。此时，用户可以选择手动调节更多参数以获得理想的曝光效果。例如，在曝光不正确的情况下，可以通过开启闪光灯、手动更改ISO值、改变测光方式、进行曝光补偿等方法使图像正确曝光，还可以通过白平衡的设置以表现更真实的图像色彩。

3) Tv(快门优先拍摄模式)

在Tv模式下，先设置快门速度，相机会自动选择合适的光圈值。较快的快门速度可以让我们捕捉到移动主体瞬间的图像，较慢的快门速度则会营造流动的效果，在拍摄夜景的时候经常会用到。

在设置好快门速度后，半按快门，在进行对焦的过程中如果发现光圈值显示为红色，表示图像曝光不正确。这时，需要更改快门速度值，直至光圈值显示白色为止。

4) Av(光圈优先拍摄模式)

在Av模式下，会先将光圈大小设置好，相机会根据拍摄条件自动调节其他参数。利用这种模式，可以有效地控制景深的大小。选择较低的光圈值(开大光圈)，景深变小，会使画面背景变得柔和；选择较高的光圈值(缩小光圈)，景深变大，使画面前景和背景都清晰。

如果快门速度在液晶显示屏上以红色显示，即表示图像曝光不正确，需要更改光圈值，直至快门速度以白色显示为止。

5) M(手动拍摄模式)

在M模式下，需要用户以手动方式调节快门、光圈、感光度等参数，对于缺乏摄影经验的用户来说，正确曝光可能较为困难。然而，在此模式下学习摄影，能够让人获得最快的进步。

在"M"模式下，手动调节曝光补偿仅影响显示在电子模拟曝光面板上的曝光信息，并不改变快门速度和光圈值的大小。

6) 人像拍摄模式

如果想要拍摄的图片中人像主体清晰而背景模糊，可以使用人像模式。为了获得更加柔和的效果，构图时应尽量让拍摄主体占据取景器的大部分空间，并将变焦倍率调至最大，这样可以使效果更加显著。

7) 风景模式

在风景模式下，光圈和快门值均被设定为适中的范围，从而确保人物和风景都能呈现出清晰的成像效果。

8) 夜景拍摄模式

夜景拍摄模式最适合拍摄包含前景人物的夜景照片。相机会使用较慢的快门速度配合闪光灯来拍摄，使主体和背景都得到合适的曝光。为了防止照片模糊，拍摄时一定要使用三脚架，以保持机身的平稳。另外，在闪光灯启动后，人物不能马上移动，否则也会使图像模糊。

9) 高速快门拍摄模式

高速快门拍摄模式，主要用于拍摄快速移动的物体。例如，抓拍水滴或运动的物体。

10) 慢速快门拍摄模式

慢速快门拍摄模式，主要用于拍摄移动主体，使其模糊显示，用以营造柔和的效果。例如，拍摄溪水、河流等。

11) SCN(特殊场景模式)

SCN模式提供了六种实用的场景选择，包括植物、雪景、海滩、焰火、潜水和室内。这些预设模式可以自动调整相机参数，以适应不同环境和光线条件，确保拍摄出的照片效果更佳。

12) 全景图拍摄模式

全景图拍摄模式主要用于风景拍摄，它可以把拍摄的若干个画面合并为全景图像。当拍摄完第一幅图像后，相机的液晶屏上会保留第一幅图像，此时我们再构图拍摄第二幅图像。使用同样的方法就可以完成全景图像的拍摄。为了获得最好的效果，一般采用水平移动或旋转相机的方式来拍摄连续图像。在为拍摄画面构图时，要使各相连的画面重叠30%～50%，并把垂直误差限制在图像高度的10%以内。

13) 摄像模式

摄像模式可以拍摄有声短片，以AVI格式记录。

1.3.2 静态商品采集技巧

由于网店商品的材质各异，加之拍摄环境的多变性，因此在拍摄过程中需要掌握一定的技巧并满足特定的要求，以确保商品照片能够准确生动地展现其特色与质感。

1. 全方位展现商品

在进行拍摄时，可以通过拍摄的角度、距离、方向等技巧来展现商品各个方面的效果，目的是让买家更加清晰地了解商品本身。

按拍摄角度来区分，有平拍、俯拍、仰拍等几种形式。平拍是指相机和商品在同一水平面上，画面构图端庄，但缺少立体感；俯拍能够纵览全局；仰拍能够适当夸大、突出商品，获得特殊的艺术效果。

按拍摄距离来区分，有特写、近景、中景、全景和远景几种形式。其中，相机与商品的距离越近，相机能拍摄到的景物范围就越小，商品在画面中占据的面积也就越大；反之，相机与商品的距离越远，拍摄到的景物范围越大，商品在画面中就显得越小。

拍摄方向是指以商品为中心，在同一水平面上围绕商品四周选择摄影点。不同的拍摄方向可展现商品的不同形象，如正面角度、斜侧角度、侧面角度、反侧角度、背面角度等。

在实际拍摄中，只要能够直观地展示商品，拍摄者可以尝试以多种视角来搭配拍摄，从而拍出商品的特色和独有的风格，展现商品本身的细节，如图1-58所示。

图1-58 全方位展现商品

2. 光线的运用

在光线较为充足的情况下，无须任何补光设备即可拍出优质照片，通常晴天时无论是室内还是室外都能获得良好的拍摄效果。如果光线不足，虽然照片可以通过后期软件处理来改善，但效果还是会稍逊一筹。此时，我们可以使用摄影灯进行补光，也可以直接使用家里的白光台灯替代。另外，当光线过强时，拍摄效果也会受到影响。对于适合室外拍摄的商品，在晴朗且非阳光直射的时间段拍摄，通常可以获得非常出色的效果，如图1-59所示。在室内拍摄时，为了提升拍摄效果，可以考虑根据商品大小选择合适的照明设备。对于大件商品的拍摄，可以考虑购买摄影灯套装；拍摄小件商品时，可以考虑购买含灯的柔光箱，如图1-60所示。

图1-59　室外拍摄　　　　　　　　　　　　图1-60　室内拍摄

3. 通过参照物提升商品说服力

在单独拍摄商品时，即便拍摄技术再精湛，在画面中商品也会显得单调乏味。若能巧妙地加入参照物，对于买家而言将更具说服力。通过利用商品实际使用的场景环境进行拍摄，不仅无形中增强了商品本身的可信度，还能为买家提供一个更为丰富的想象空间，如图1-61所示。

图1-61　通过参照物提升商品说服力

4. 不同类型商品的拍摄方法

在拍摄不同商品时，由于商品材质各异，不能采用统一的方法进行拍摄。因此，了解针对不同商品的特性制定的拍摄策略至关重要。

1) 拍摄粗糙表面的商品

许多商品，如皮毛、棉麻制品、雕刻制品等，具有粗糙的表面结构。为了充分表现这些产品的质感，在光线的运用上，我们应采用侧光照明，以此凸显商品材质的结构变化和细节特征，拍摄效果如图1-62所示。

图1-62　拍摄粗糙表面的商品

提示

侧光是拍摄时运用频率非常高的一种光线，能够很好地表现拍摄对象的形态和立体感。

2) 拍摄光滑表面的商品

一些光滑表面的商品，如金银饰品、瓷器、漆器、电镀制品等，它们的表面结构光滑如镜，具有强烈的单向反射能力，直射灯光照射到这种商品表面，会产生强烈的光线改变。所以拍摄这类商品时，一是要采用柔和的散射光线进行照明，二是可以采用间接照明的方法，即灯光作用在反光板或其他具有反光能力的商品上，然后利用这些反射的光线柔和地照射商品。拍摄效果如图1-63所示。

图1-63　拍摄光滑表面的商品

3) 拍摄透明材质的商品

玻璃器皿、水晶、玉器等透明材质商品的拍摄一般都采用侧光或底部光进行照明，这样可以很好地表现出商品清澈透明的质感。要注意使用底部光时，拍摄商品应使用白色底衬或者直接放在玻璃上。拍摄效果如图1-64所示。

图1-64 拍摄透明材质的商品

4) 拍摄无影静物

想要拍摄出没有投影的商品照片，需采用特殊的用光方法。首先，将商品摆放在一块架起的玻璃台面上，在台面下方铺设一张较大的白纸或半透明描图纸。然后，将灯光从下方照射到纸上，通过这种底部照明的方式，可以拍出没有投影的商品效果图。如果需要，也可以从上面给商品加一点辅助照明，但要注意底光与正面光的亮度比值。拍摄效果如图1-65所示。

图1-65 无影商品的拍摄效果

1.3.3 基本构图与商品摆放

对于美工来说，图像的布局可以分为前期采集设计和后期加工设计两种。本节主要介绍在拍摄商品时的前期摆放技巧，即在将商品转化为图片之前，就已经进行了布局设计。通过不同的摆放方式，可以使商品更好地与网店的主题相匹配。在很大程度上，构图决定作品构思的实现，并直接影响着整个作品的成功与否。

在采集商品图片时，常用的几种构图方式如图1-66所示。

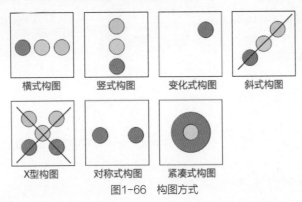

图1-66 构图方式

1. 横式构图

横式构图是将商品以横向姿态展示或排列的横幅式画面布局方式。这种构图具有稳定、可靠的感觉，常用来表现商品的稳固属性，传递出一种安全感，是摄影中极为普通且有效的构图方式，如图1-67所示。

图1-67　横式构图示例

2. 竖式构图

竖式构图是商品呈竖向放置或竖向排列的构图方式。这种构图给人的感觉是高挑、秀朗，常用来展现长条或者竖立的商品，在拍摄商品时经常使用，如图1-68所示。

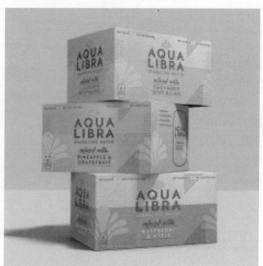

图1-68　竖式构图示例

3. 斜式构图

斜式构图是商品呈斜向摆放的构图方式。这种构图的特点在于赋予画面动感，并突出商品的个性，用于表现造型独特、色彩艳丽或理念鲜明的商品。斜式构图方式较为常用，使用得当能够创造出令人印象深刻的画面效果，如图1-69所示。

图1-69 斜式构图示例

4. 黄金分割法构图

黄金分割法构图方式，画面的长宽比例通常为 1:0.618，按此比例设计的画面会更显协调，更符合人们的审美习惯，因此被称为黄金分割。在黄金分割的九宫格内，将画面主体置于4个由黄金分割点相交而成的关键位置上，可以使画面的布局更为和谐且富有美感，如图1-70所示。

图1-70 黄金分割法构图示例

5. 对称式构图

在拍摄商品图片时，为了凸显主体，常将其放置在画面的左右两边，形成左右基本对称的布局。这样做的原因，是人们的视线往往会聚焦于画面的中心区域，而通过将主体略偏于中心两侧，同时保持上下空间比例的相对匀称，可以巧妙地引导观众视线并增强视觉张力，如图1-71所示。

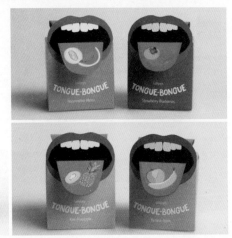

图1-71 对称式构图示例

6. 其他形式的构图

商品的摆放实际上是一种陈列艺术，通过变换不同的形式来展示同一种商品，能够创造出丰富多样的视觉效果，这一过程深刻体现了构图形式的巧妙运用与总体设计感，如图1-72所示。

图1-72 其他形式的构图示例

第2章

网店商品图片校正与编辑

网店商品图片主要分为两种：一种是商品主图，即在搜索结果及广告中看到的商品缩略图，主要起到展示商品外观的作用；另一种是商品详情图，起到对主图进行补充说明和广告描述的作用，这种图片可以更大，并且限制也较小。网店商品能否快速地吸引买家，其展示的商品照片起到至关重要的作用，如图2-1所示。如果将相机拍摄的照片未经处理就直接上传至网店，虽然这些照片反映了产品的原貌，但可能会因为拍摄水平和拍摄角度的问题而缺乏足够的吸引力，在潜在买家浏览时便难以激起他们的兴趣。

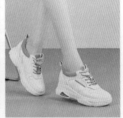

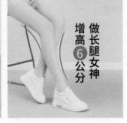

图2-1　网店中展示的商品

一张好的商品照片不仅能直接吸引买家的注意，而且能准确体现商品本身所具有的特色，从而增加商品被卖出的砝码。本章主要为大家介绍运用Photoshop对拍摄的商品图片进行调整的方法。

▶▶ 2.1 商品图片校正

2.1.1 图片外观校正

在拍摄商品照片时，由于拍摄角度或商品摆放位置等问题，可能会使画面呈现出倾斜的效果。如果要将这类照片上传至网店作为展示之用，那么就要通过Photoshop等专业图像编辑软件进行重新构图和修正，以确保图片以最佳的姿态展现给顾客。

课堂案例 **横幅与直幅之间的转换**

当我们使用数码相机拍摄照片时，由于相机没有自动转正功能，会使输入电脑中的照片由竖幅变为横幅效果。如果此时将其直接上传到网店中，会导致图片布局与预期不符，影响整体视觉效果。此时，利用Photoshop即可快速将横幅的照片转换成竖幅效果，转换方法如下。

扫码看视频

① 启动Photoshop软件，打开附带资源中的"素材"/"第2章"/"横躺照片"素材，如图2-2所示。

② 执行菜单"图像"/"图像旋转"命令，在子菜单中即可通过相应命令来对其进行更改，如图2-3所示。

图2-2 打开素材

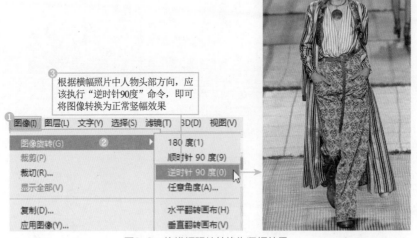

③ 根据横幅照片中人物头部方向，应该执行"逆时针90度"命令，即可将图像转换为正常竖幅效果

图2-3 将横幅照片转换为竖幅效果

 提 示

在Photoshop中使用"变换"/"旋转"命令对图像进行旋转时，图像的最后可显示高度只能是原图旋转前的高度，超出的范围将不会被显示，如图2-4所示。

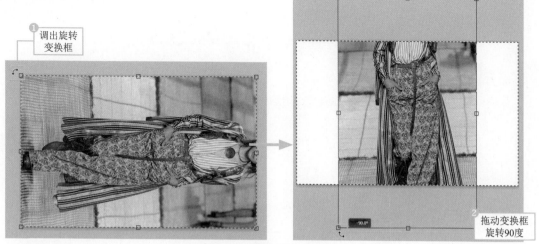

图2-4 旋转后的图片效果

━注 ━意 ━

在制作商品展示图片和描述图片时，应该注意以下几点。

● 保持图片的清晰度，不要将图片拉伸或扭曲。

● 商品图片要居中，大小要合适，不能为了突出商品细节而造成主体占比失衡。这样的视觉效果会使买家看着不舒服，分不清主次，导致无法快速了解商品。

● 商品图片背景不能太杂乱，要与商品主体配合。

课堂案例 **校正倾斜图片**

在拍摄商品照片时，如果因为拍摄角度或姿势不当导致画面出现歪斜，我们可以利用Photoshop等工具轻松地进行修正，而无须重新拍摄。处理过程如下。

① 启动Photoshop软件，打开附带资源中的"素材"/"第2章"/"倾斜照片"素材，从图中可以看出玩具主体有一些倾斜，如图2-5所示。

② 选择 (裁剪工具)后，在属性栏中单击"拉直"按钮 ，如图2-6所示。

扫码看视频

图2-5 打开素材

图2-6 选择并设置工具

③ 使用 ▣(裁剪工具)，在图像中沿着与底部垂直的方向拖动鼠标，将倾斜的图片调整至水平位置，如图2-7所示。

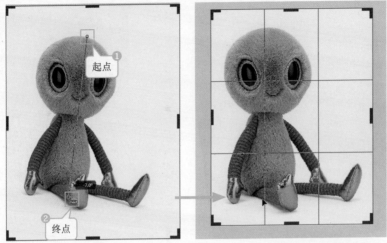

图2-7 拖动水平线

④ 按Enter键，完成对倾斜图像的校正，如图2-8所示。

⑤ 我们观察到玩具的背景不够白，接来将对其进行相应的调整。执行菜单"图像"/"调整"/"色阶"命令，打开"色阶"对话框，其中的参数值设置如图2-9所示。

⑥ 设置完毕，单击"确定"按钮，完成本次的课堂案例操作，效果如图2-10所示。

图2-8 校正后

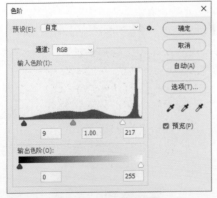

图2-9 色阶参数设置

图2-10 完成效果

校正拍摄时产生的晕影

在拍摄照片时，如果未能掌握相机的镜头使用技巧，可能会导致拍出的照片周围出现一圈黑色晕影，此时可以运用Photoshop校正图片中的晕影。本节为大家讲解使用"镜头校正"滤镜校正图像晕影的方法，调整过程如下。

扫码看视频

① 启动Photoshop软件，打开附带资源中的"素材"/"第2章"/"晕影照片"素材，如图2-11所示。

② 执行菜单"滤镜"/"镜头校正"命令，打开"镜头校正"对话框，在对话框中设置"晕影"的参数值，如图2-12所示。

提 示

在调整"镜头校正"命令中的"晕影"参数时，数值为负值时会将图像边缘变暗，数值为正值时会将图像周围变亮。

图2-11　打开素材

图2-12　镜头校正

③ 设置完毕，单击"确定"按钮，效果如图2-13所示。

④ 执行菜单"图像"/"调整"/"色阶"命令，打开"色阶"对话框，其中的参数值设置如图2-14所示。通过调整色阶，可增加画面的对比度。

⑤ 设置完毕，单击"确定"按钮，完成本次课堂案例的操作，效果如图2-15所示。

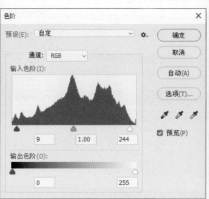

图2-13 调整效果　　　　　　　　图2-14 调整色阶　　　　　　　图2-15 完成效果

2.1.2 多张图片校正

为了确保网店中展示的多张图片能够保持一致的规格和像素，我们还需进行一系列的校正工作。例如，使用专业的图像处理软件，对每一张图片进行了精确的裁剪和缩放，以确保它们的尺寸和比例符合网店统一的展示要求。还要对图片的像素进行调整，通过提升或降低分辨率，使得所有图片的像素密度保持一致，从而保证了图片在网页上的清晰度和显示质量。

这些调整的必要性在于，统一的图片规格和像素不仅有助于提升网店的整体美观度和专业性，还能确保顾客在浏览商品时获得一致且清晰的视觉体验。避免因图片规格不一或像素模糊而影响顾客的购买决策，从而提升网店的转化率和客户满意度。

课堂案例 **将多个商品照片裁成统一大小**

网店中的商品越多，所需的图片也就相应增加。此时，如果直接缩小图片可能会导致部分照片出现变形的问题，这样的图片会影响买家的浏览体验。我们可以通过Photoshop对图像进行操作，使其在大小一致的情况下保持原有形态。

扫码看视频

① 启动Photoshop软件，打开3张毛绒玩具素材，如图2-16所示。

图2-16 打开素材

② 选中一张素材图片，选择 (裁剪工具)，在属性栏中选择"宽×高×分辨率"，设置"宽度"与"高度"都为500像素，"分辨率"为72像素/英寸，如图2-17所示。

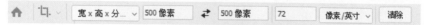

图2-17 设置裁剪图像的大小和分辨率

— 提 示 —

在Photoshop中新建裁剪预设后，可以将新建的预设应用到其他图片中，如图2-18所示。在Photoshop CS5之前的版本中，可以直接在属性栏中完成大小和分辨率的设置。

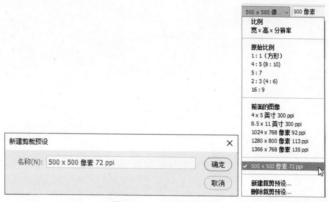

图2-18 新建裁剪预设

③ 此时，在图像中会出现一个裁剪框，我们可以使用鼠标拖动裁剪框，也可用移动图像的方法来选择最终保留的区域，然后按Enter键即可完成裁剪，效果如图2-19所示。

图2-19 裁剪图像

— 技 巧 —

在Photoshop中设置固定比例后，创建的裁剪框无论多大，裁剪后的图像都是预设的比例，该方法可以应用到多个图像，如图2-20所示。

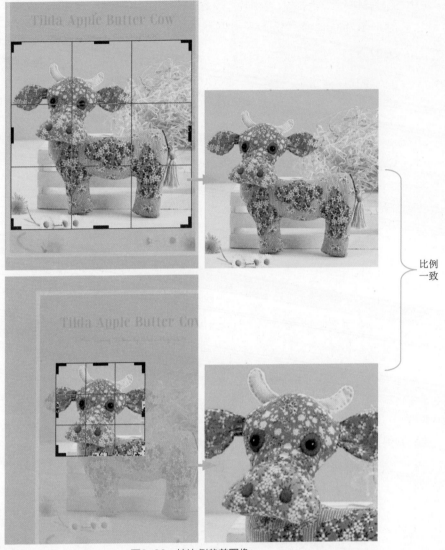

图2-20　按比例裁剪图像

④　使用 🔲(裁剪工具)，在打开的多张素材中创建裁剪框，将它们进行裁剪，此时裁剪完成的商品照片都是一样大，如图2-21所示。

图2-21　裁剪多张图像

在Photoshop中，如果直接使用"图像大小"命令调整图像，虽然可以将图像大小调整为一致，但是图中的商品会出现拉伸或扭曲效果，如图2-22所示。大家可以将此图与图2-21进行效果对比。

图2-22 使用"图像大小"命令调整图像

2.2 商品图片的编辑

2.2.1 修复商品图片中的瑕疵

在网店中出售商品离不开图片的展示，一张好的图片不但可以直观地展示该商品的信息，还能展现商品的特色，从而加大销售的概率。然而，拍好一张照片不是一件容易的事情，环境光线、商品摆放角度、多余的物品，甚至是相机中自动添加的日期，都会对照片效果产生影响，如图2-23所示。本节将为大家讲解如何修复图片中常见的瑕疵，从而得到一张满意的商品图片。

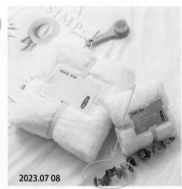

图2-23 照片中的瑕疵

课堂案例　删除照片中的日期

在拍摄时，如果未关闭记录拍摄日期的功能，拍出的照片上会显示拍摄日期。这样的照片不适合作为网店商品的展示图，下面我们就来学习清除日期信息的方法，具体操作如下。

❶ 启动Photoshop软件，打开"素材"/"第2章"/"带日期的照片"素材，如图2-24所示。

扫码看视频

② 选择 ▦(修补工具)，在属性栏中设置"修补"为"内容识别"，"结构"为1，"颜色"为0，
如图2-25所示。

图2-24 打开素材   图2-25 设置属性

③ 使用▦(修补工具)，在日期周围创建选区，如图2-26所示。

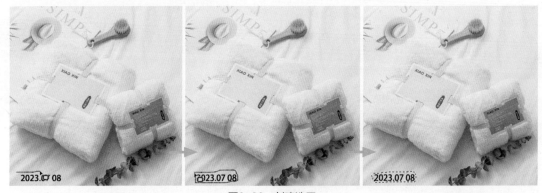

图2-26 创建选区

— 技 巧 —

使用▦(修补工具)创建选区过程中，如果起点和终点未相交，松开鼠标后，终点和起点会自动以直线的形式连接，从而创建封闭选区。另外，使用其他选区工具创建的选区，也仍然可以应用▦(修补工具)来进行图像修补。

④ 修补选区创建完毕后，松开鼠标，使用▦(修补工具)将鼠标移动到选区内，再按住鼠标向没有文字的图像区域拖曳，如图2-27所示。

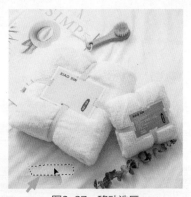

图2-27 移动选区

⑤ 松开鼠标完成修补，按Ctrl+D键取消选区，完成操作，效果如图2-28所示。

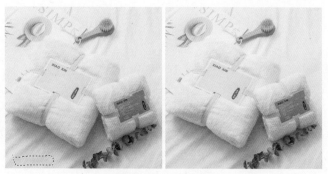

图2-28　修补后效果

去掉照片中多余物品

在拍摄商品照片时，有时会将多余的物品或某个景物的局部一同摄入照片中。将这样的照片直接传到网店上，可能会影响整张照片的美观度和商品展示效果。下面我们来学习将照片中多余部分去掉的方法，具体操作如下。

扫码看视频

① 启动Photoshop软件，打开"素材"/"第2章"/"带有多余图像的照片"素材，如图2-29所示。

多余图像

多余图像

图2-29　打开素材

② 执行菜单"图像"/"调整"/"色阶"命令，打开"色阶"对话框，选择RGB通道，向右拖动"暗部"滑块，向左拖动"亮部"滑块，为拍摄的照片增加一点层次感，如图2-30所示。

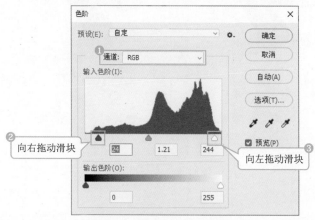

图2-30　调整"色阶"对话框

③ 设置完毕，单击"确定"按钮，效果如
图2-31所示。

为图片商品增加层次感后，会给浏览网
店产品的买家留下更有冲击力、更好的视觉印
象，以便于促成交易。

④ 对图片中多余的物品进行清除，我们可以
直接使用 ✐(污点修复画笔工具)，该工具
的优点是设置属性后直接在多余物品上拖动
鼠标，松开鼠标后系统会自动进行修复，如图2-32所示。

图2-31 增加层次感的图片

图2-32 清除右上角多余物品

⑤ 使用同样的方法，将左下角多余的小石头清除，如图2-33所示。

图2-33 清除左下角多余物品

课堂案例 **修复照片中的污渍**

商品在搬运或存放的过程中可能会沾染油污、墨迹及灰尘等污点，拍摄时若未能清除，污点将直接体现在照片中。一旦这样的照片被上传到网店中，将会直接影响购买者对商品的印象。下面我们来学习修复污渍的方法，具体操作如下。

扫码看视频

① 启动Photoshop软件，打开"素材"/"第2章"/"带污渍的鞋子"素材，从图片中可以非常清楚地看到鞋子上的污渍，如图2-34所示。

② 执行菜单"图像"/"自动色调"命令，调整一下图像层次。使用 ✎(修复画笔工具)按住Alt键，在与污渍右侧纹理相似的图像处进行取样，如图2-35所示。

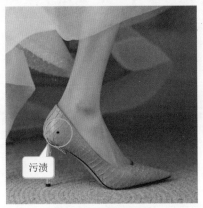

图2-34 打开素材

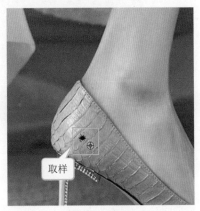

图2-35 取样

③ 取样完毕，将鼠标移动到污渍上，按下鼠标进行涂抹，效果如图2-36所示。

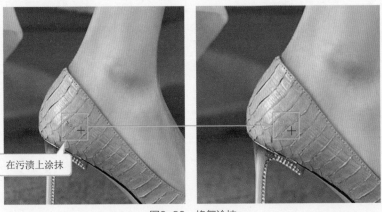

图2-36 修复涂抹

④ 在整个污渍上涂抹完毕后，松开鼠标，系统
会自动将污渍修复，效果如图2-37所示。

—提 示—

只要我们巧妙地运用上面学习的三种工
具，其中任何一个都能轻松修复模特面部的
瑕疵，比如脸上的斑点或黑痣等，如图2-38
所示。

图2-37 最终效果

图2-38 修复面部瑕疵

课堂案例 对模特面部进行磨皮美容

在拍摄服装照片时，若图像中服装模特的肌肤不够美白，可能会间接影响服装
的吸引力。优化模特面部肌肤美白度，能更好地衬托服装，提升服装价值。本例为
大家讲解对照片中的模特进行磨皮处理的方法，具体操作如下。

扫码看视频

① 启动Photoshop软件，打开一张服装模特照片，如图2-39所示。

② 选择 （污点修复画笔工具），在属性栏中设置"模式"为"正常"，"类型"为"内容识别"，
在脸上雀斑较大的位置单击，对其进行初步修复，如图2-40所示。

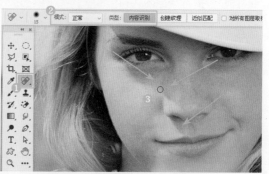

图2-39 打开素材　　　　　　　图2-40 使用污点修复画笔工具

③ 执行菜单"滤镜"/"模糊"/"高斯模糊"命令，打开"高斯模糊"对话框，设置"半径"为"7像素"，如图2-41所示。

④ 设置完毕，单击"确定"按钮，效果如图2-42所示。

⑤ 选择 ，在属性栏中设置"不透明度"为29%，"流量"为29%。执行菜单"窗口/历史记录"命令，打开"历史记录"面板，在面板中"高斯模糊"步骤前单击调出恢复源，再选择最后一个"污点修复画笔"选项，然后使用 在人物的面部涂抹，效果如图2-43所示。

图2-41 "高斯模糊"对话框

图2-42 模糊后效果

图2-43 设置历史记录源

—提 示—

在使用 恢复某个步骤的效果时，将"不透明度"与"流量"数值设置小一点，可以在同一点进行多次的涂抹修复，而不会对图像造成太大的破坏，避免恢复过程中出现较生硬的效果。

⑥ 使用 ，在人物面部需要美容的位置进行涂抹，可以在同一位置进行多次涂抹，恢复过程如图2-44所示。

图2-44 恢复过程

⑦ 在人物的皮肤上进行精心涂抹，直到达到满意的效果，如图2-45所示。

图2-45　最终效果

 提　示

在拍摄环境幽暗或模特本身皮肤较黑的情况下，要对模特的肤色进行美白处理，可以通过使用"色阶"命令，或直接运用🔍(减淡工具)在皮肤处涂抹，就可以快速对皮肤进行美白。

2.2.2　为图片添加版权保护

当网店中使用自己拍摄的商品照片时，为了防止照片被随意篡改或盗用，必须采取有效的版权保护措施，如添加浮在表面的水印、保护线，或者是一些说明文字等。

1. 为商品添加保护线

扫码看视频

为了防止上传到网店中的商品照片被盗用，我们可以考虑通过Photoshop为商品照片添加版权保护线。由于添加保护线后的照片会增大盗用的难度，潜在盗用者可能会因为修图操作的烦琐而放弃。添加保护线的效果，如图2-46所示。

 提　示

添加的保护线最好避免遮挡商品，它应当与图片主体融合，同时起到保护图片版权的作用。

图2-46　添加保护线

2. 为商品图像添加文字水印

为照片添加文字水印，除了增加其专业性和整体感，还能防止照片被他人盗用。添加的文字水印一般都比较淡，不会影响商品本身的观赏性，如图2-47所示。

扫码看视频

为商品照片添加文字水印时，最好在不影响整体美观的前提下，将水印放置到纹理较复杂的区域，这样对于盗用者来说修改起来会非常麻烦，间接地保证了网店商品照片的唯一性。

3. 为商品添加图像商标或水印

为了防止图片被盗用，为图片添加水印是一种有效的方法。水印的添加不仅可以直接输入文本，还可以将具有本店特征的图片直接嵌入商品图片中。这些作为水印的图片可以是本店的商标，也可以是文字与图形相结合的图片，如图2-48所示。

扫码看视频

将文字与图像混合后制作半透明水印的方法，是直接调整"图层"面板中各个图层的不透明度，或者将多个图层合并后，再调整不透明度，来制作透明水印效果，如图2-49所示。

图2-47 添加文字水印

图2-48 添加图像商标或水印

图2-49 透明水印效果

课堂案例 **为图像添加画笔水印**

扫码看视频

在网上开店时，往往需要使用大量的商品照片，而为这些照片添加水印就成了一项烦琐的任务。本例为大家讲解定义画笔的方法，以及使用画笔工具按照每张照片的特点进行水印的添加。添加文字水印的具体操作如下。

1️⃣ 启动Photoshop软件，打开"素材"/"第2章"/"毛绒玩具006"素材，使用 🅣 (横排文字工具)输入文字，如图2-50所示。

图2-50　打开素材并输入文字

2️⃣ 按Ctrl+T键调出变换框，拖动控制点将文字旋转，如图2-51所示。

图2-51　旋转文字

3️⃣ 按回车键完成变换，在"图层"面板中，按住Ctrl键单击文字图层的缩览图，调出文字选区，如图2-52所示。

图2-52　调出文字选区

将文字或图像定义成画笔时，最好使用较深的前景色，这样定义的画笔颜色会重一些。

④ 执行菜单"编辑"/"定义画笔预设"命令,打开"画笔名称"对话框,其中的参数值设置如图2-53所示。

图2-53 设置画笔名称

⑤ 设置完毕,单击"确定"按钮,按Ctrl+D键去掉选区,隐藏文字图层,新建"图层1",如图2-54所示。

⑥ 选择 (画笔工具),在"画笔拾色器"中找到"文字水印",如图2-55所示。

图2-54 新建图层

图2-55 选择水印

定义的画笔可以在不同图像中应用,并且具有相同的属性。

⑦ 在属性栏中,设置"不透明度"为56%,选择一种适合的前景色,在素材上使用 (画笔工具),单击即可为其添加多个水印,效果如图2-56所示。

图2-56 添加画笔水印

在利用定义画笔预设的方法创建画笔后,可以根据每张照片的大小调整画笔的大小,进而灵活地调整水印的尺寸。设置前景色后,可以按照前景色设置水印的颜色,还可以按照图片的不同效果改变水印的位置。

课堂案例 **定义图案后填充水印**

我们还可以将制作的图形设定为图案，并通过填充的方式，在不同商品的照片上统一应用水印。这是一种高效且统一的水印添加策略，具体操作如下。

扫码看视频

① 启动Photoshop软件，执行菜单"文件"/"新建"命令，或按Ctrl+N键，新建一个正方形的文档，将背景色设置为"黑色"，效果如图2-57所示。

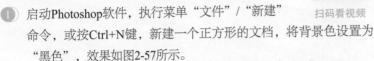

图2-57 新建黑色正方形文档

② 文档新建完毕，选择 ／(直线工具)，在属性栏中设置参数，如图2-58所示。

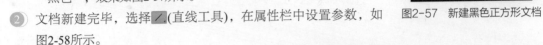

图2-58 设置直线参数

③ 使用 ／(直线工具)，在文档中绘制一个交叉线，如图2-59所示。

④ 在"图层"面板中，选择两个直线图层，按Ctrl+E键，将其合并为一个图层，再执行菜单"图层"/"栅格化"/"形状"，将形状图层变成普通图层，如图2-60所示。

图2-59 绘制交叉线

图2-60 栅格化图层

⑤ 使用 ▣(矩形选框工具)，在交叉线中间绘制一个矩形选区，按Delete键清除选区内的图像，如图2-61所示。

⑥ 按Ctrl+D键去掉选区，使用 T(横排文字工具)输入白色文字，如图2-62所示。

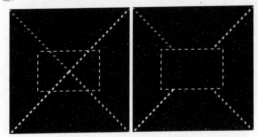

图2-61 清除选区内的图像

图2-62 输入文字

⑦ 按Ctrl+A键，调出整个图像的选区，如图2-63所示。

⑧ 执行菜单"编辑"/"定义图案"命令，打开"定义图案"对话框，设置"名称"为"我的图案"，如图2-64所示。

图2-63　调出选区

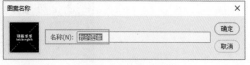

图2-64　定义图案

⑨ 设置完毕，单击"确定"按钮，将图案保存。打开"香皂盒"素材，如图2-65所示。

图2-65　打开素材

⑩ 执行菜单"图层"/"新建填充图层"/"图案"命令，打开"图案填充"对话框，找到刚才定义的图案，其他参数值的设置如图2-66所示。

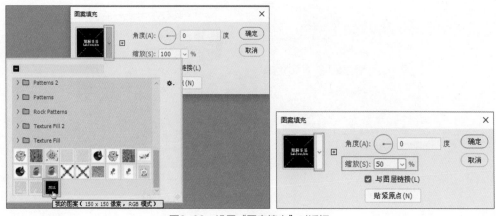

图2-66　设置"图案填充"对话框

—— 技 巧 ——

定义后的图案，会自动放置到上一次使用的"图案"内容组中。

⑪ 设置完毕，单击"确定"按钮，效果如图2-67所示。

图2-67 填充图案

⑫ 在"图层"面板中，设置"混合模式"为"颜色减淡"，设置"不透明度"为30%，效果如图2-68所示。

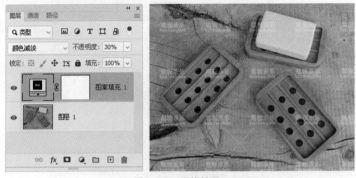

图2-68 最终效果

定义后的图案可以应用到多张素材图片中，创建统一的防伪标识，如图2-69所示。

图2-69 填充图案

2.2.3 为图片添加文字

商家可以在商品图片中添加文字，不仅可以展示商品信息，还增强了商品的营销效果，是提升商品竞争力和销售业绩的有效手段。首先，文字能够直观传达商品的关键信息，如名称、型号、价格等，使消费者一目了然，提升购物效率。其次，通过精心设计的文字排版和风格，可以增强商品的吸引力和品牌形象，促进消费者的购买欲望。此外，添加文字还能帮助商家在社交媒体等平台上更好地推广商品，吸引更多潜在客户的关注。

课堂案例　**为商品图像添加趣味对话**

对于网店中直接展示出售的商品图像，如何有效提升其人气，是每个店家必须考虑的问题。我们可以通过在商品照片上添加一些有趣的对话，来吸引买家的注意，引起他们的兴趣，从而提高销售概率。本例为大家讲解使用Photoshop为商品添加趣味对话的方法，具体操作如下。

① 启动Photoshop软件，打开一张毛毛熊公仔的素材照片，如图2-70所示。

② 素材中两只小熊背对着观众相依在一起，这样的画面既可爱又温馨，如果再加上一些文字则可以使照片更具有吸引力。选择▨(自定义形状工具)，在属性栏中设置"工具模式"为"形状"，"填充"为无，"描边"为"黑色"，"宽度"为2，"描边选项"中选择虚线，如图2-71所示。

图2-70　打开素材

图2-71　设置属性

③ 在"形状拾色器"弹出的菜单中，选择"台词框"命令，如图2-72所示。

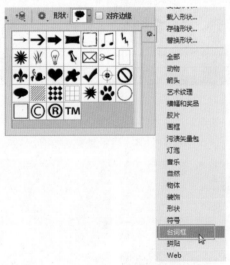

图2-72　选择"台词框"命令

④ 选择"台词框"命令后，系统弹出如图2-73所示的对话框。

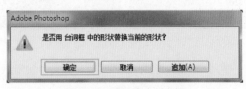

图2-73　确认命令对话框

⑤ 单击"确定"按钮，系统会直接用"台词框"替换原有形状，选择一个合适样式的台词框选项，如图2-74所示。

⑥ 使用图(自定义形状工具)，绘制黑色台词框，如图2-75所示。

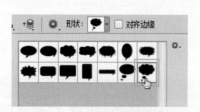

图2-74　选择台词框选项　　　　　　　　　图2-75　绘制台词框

⑦ 使用T(横排文字工具)在形状内部单击，此时形状内部会呈现添加文字的状态，在属性栏中设置字体和文字大小，如图2-76所示。

图2-76　设置文字属性

⑧ 在形状内输入文字，效果如图2-77所示。

⑨ 使用文字工具，选中富含重点信息的文字，设置填充为红色，效果如图2-78所示。

图2-77　输入文字　　　　　　　　　图2-78　编辑文字

⑩ 使用T(横排文字工具)，输入一个大一点的重要文字，如图2-79所示。

图2-79 输入重要文字

⑪ 使用 T (横排文字工具)，在图像左下角输入广告文字，如图2-80所示。

图2-80 输入广告文字

⑫ 执行菜单"图层"/"图层样式"/"描边"命令，打开"图层样式"对话框，其中的参数值设置如图2-81所示。

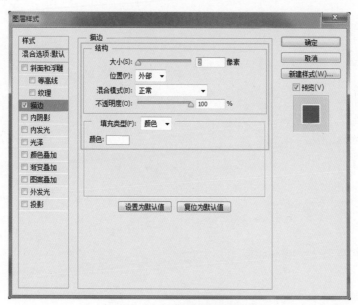

图2-81 设置描边参数值

⑬ 设置完毕，单击"确定"按钮，至此完成为商品图像添加趣味对话的操作，效果如图2-82所示。

图2-82 最终效果

第3章

为网拍商品图片替换背景

在网络店铺的运营中，为商品图片替换背景，如制作促销图片、更换商品展示背景等，是卖家常做的一件事。对于各种类型的商品，一个与之相匹配的背景不仅能够提升单张图片的视觉吸引力，还能增强店铺整体的视觉美感，给人赏心悦目的感觉。图3-1为替换背景前后的图像对比，替换背景后更能体现空气净化器的特点。

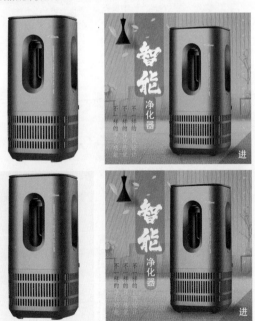

图3-1　网店中替换背景的商品

本章主要介绍如何利用各种抠图技术来替换商品图片的背景，以凸显商品本身，从而在视觉上更加吸引买家的注意力。

▶▶ 3.1 选区抠图替换背景

使用选区抠图替换背景是最直观的抠图操作方法，它不需要对选区进行转换，就可以直接在选取的范围内更换背景。对选区操作的熟练程度可以直接影响抠图效果的细致程度。

在使用选区抠图时，主要分为规则几何形选区、不规则形选区和智能选区三种类型。

3.1.1 规则几何形选区抠图

规则几何形选区抠图，是通过选择并抠取画面中呈现规则几何形状，如圆形、正方形的物体，绘制与物体边缘完全吻合的路径，建立选区后提取图像的技术。该抠图方法广泛应用于电商、广告、设计等领域，以实现更精细的图像处理和更丰富的设计效果。

课堂案例 ▶ 矩形选区抠图换背景

在Photoshop中用来创建矩形选区的工具有▣(矩形选框工具)和▣(矩形选框工具)，使用方法是在图像中按住鼠标向对角拖动，松开鼠标即可创建选区。这种方法主要应用在对图像选区要求不太严格的图像中，具体抠图方法如下。

① 启动Photoshop软件，打开"素材"/"第3章"/"手机和背景"素材，如图3-2所示。

图3-2　打开素材

② 选中"手机"素材作为当前编辑对象，在工具箱中选择▣(矩形选框工具)，在"手机"素材周围创建选区，如图3-3所示。

在图像中拖动创建选区

图3-3　创建选区

③ 执行菜单"选择"/"修改"/"平滑"命令，打开"平滑选区"对话框，设置"取样半径"为45像素，单击"确定"按钮，效果如图3-4所示。

④ 执行菜单"选择"/"修改"/"羽化"命令，打开"羽化选区"对话框，设置"羽化半径"为1像素，单击"确定"按钮，效果如图3-5所示。

⑤ 使用 ⊕(移动工具)，将选区内的图像拖至"手机背景"素材中，调整手机大小，完成背景替换，效果如图3-6所示。

图3-4 设置平滑效果

图3-5 设置羽化效果

图3-6 替换背景

— 提 示 —

使用 ▢(矩形工具)创建路径后，在"属性"面板中设置圆角值后，按Ctrl+Enter键将路径转换为选区，即可抠取商品主体，如图3-7所示。

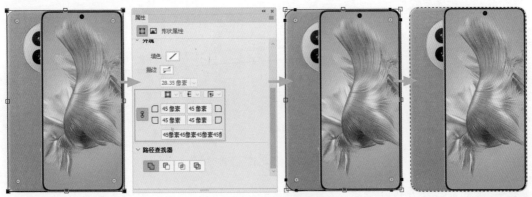
图3-7 创建路径并编辑

在Photoshop中，使用 ◯(椭圆选框工具)创建选区的方法，与 ▢(矩形选框工具)大致相同，效果如图3-8所示。

扫码看视频

— 提 示 —

通过矩形或椭圆选框工具创建选区抠图，如果不进行羽化值设置会出现商品主体边缘与背景融合不协调的问题，如果羽化值设置得过小或过大都会出现抠图不自然的效果。羽化值设置为0像素、30像素、60像素和120像素时，替换背景的效果如图3-9所示。

图3-8　椭圆选区替换背景

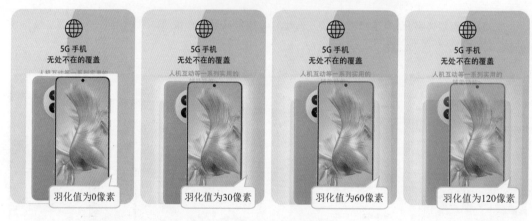

图3-9　不同羽化值抠图的效果

3.1.2　不规则选区替换背景

不规则选区是指通过工具创建的随意选区，该选区不受几何形状局限，创建时可以使用鼠标随意拖动或单击来完成，再对其进行抠图。不规则选区抠图可以更加细致地贴合商品主体的边缘，还可以按照用户的需求对图像进行抠图。

不规则选区抠图可分为随意抠图和精细抠图两种。

1. 随意绘制选取范围替换背景

在Photoshop中，使用 (套索工具)可以在图像中创建任意形状的选择区域。 (套索工具)操作灵活，使用简单，通常用来创建不太精细的选区。使用该工具创建选区并抠图的方法非常简单，就像使用铅笔绘画一样，创建选区后将选区内的图像移至新背景中即可，操作过程如图3-10所示。

图3-10 创建任意选区并进行抠图

2. 精确手动替换背景

在Photoshop中，用来创建精确选区的工具主要包括 (多边形套索工具)和 (磁性套索工具)。

(多边形套索工具)通常用来创建较为精确的选区。创建选区的方法也非常简单，在不同位置上单击鼠标，即可将两点之间以直线的形式连接，当起点与终点相交时单击即可得到选区。

(磁性套索工具)可以在图像中自动捕捉具有反差颜色的图像边缘，并以此来创建选区，此工具常用于背景复杂但边缘对比度较强烈的图像。创建选区的方法也非常简单，在图像中选择起点后，沿主体边缘拖动即可自动创建选区。

课堂案例 **多边形套索工具结合磁性套索工具抠图**

下面选取一个音箱素材作为练习对象，为大家讲解结合使用 (多边形套索工具)和 (磁性套索工具)的方法，为商品主体创建选区并抠图，具体操作过程如下。

① 打开"音箱.jpg"素材，在工具箱中选择 (磁性套索工具)，在属性栏中设置"羽化"为 1 像素、"宽度"为 10 像素、"对比度"为15%、"频率"为57，使用工具在音箱左下角的位置单击创建选区点，如图3-11所示。

② 沿音箱边缘拖动鼠标，此时 (磁性套索工具)会在音箱边缘自动创建锚点，如图3-12所示。

图3-11 设置工具属性   图3-12 创建锚点

③ 当鼠标移动到音箱左部的区域时，边缘变成了直线，按住Alt键，将 (磁性套索工具)变为 (多边形套索工具)，在边缘处单击创建锚点，如图3-13所示。

④ 移动鼠标到音箱的左上角处，图像边缘变成圆角后松开Alt键，将工具恢复为 ⬛(磁性套索工具)，继续沿图像拖曳鼠标创建锚点，如图3-14所示。

图3-13　转为多边形套索工具

图3-14　转为磁性套索工具

⑤ 在音箱边缘直线处按住Alt键，将 ⬛(磁性套索工具)变为 ⬛(多边形套索工具)，到圆角处松开Alt键，再将工具变为 ⬛(磁性套索工具)。继续沿图像边缘拖曳鼠标，当起点与终点相交时，单击鼠标即可创建选区，如图3-15所示。

⑥ 此时，使用 ⬛(移动工具)，即可移动选区内的图像，如图3-16所示。

图3-15　创建选区

图3-16　移动图像

⑦ 打开一张背景图，将抠取的素材拖曳至图中合适的位置，效果如图3-17所示。

图3-17　最终效果

3.1.3 智能选区替换背景

智能选区抠图是指利用智能工具，在设置相应参数后，用户通过鼠标在图像中单击或拖曳，系统便会自动按照鼠标所经过的像素，选择与之相似范围创建选区。

在Photoshop 中，智能创建选区的工具主要包含 ✎(魔棒工具)、✎(快速选择工具)和 ✎(对象选择工具)，还可以通过 ✎(魔术橡皮擦工具)快速去掉背景。

使用 ✎(魔棒工具)能选取图像中颜色相同或相近的像素，像素之间可以是相连的，也可以是不连续的。通常情况下，使用 ✎(魔棒工具)能够迅速选定图像中颜色相近的像素区域。创建选区的方法也非常简单，只要在图像中某个颜色像素上单击，系统便会自动以该选取点为样本创建选区，如图3-18所示。

图3-18 使用魔棒工具创建选区

使用✎(快速选择工具)可以快速在图像中对需要选取的部分建立选区。使用方法非常简单，选择该工具后，在图像中拖曳鼠标，即可在鼠标经过的地方创建选区，如图3-19所示。✎(快速选择工具)通常用来快速创建较为精确的选区。

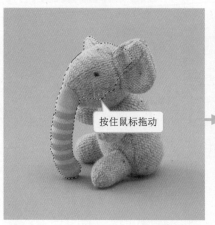

图3-19 创建选区

使用 ✎(对象选择工具)创建选区时，只需在要选取的范围上大致创建一个选区，创建的选区范围可以是矩形，也可以是不规则形状，松开鼠标后即可对需要的内容进行选择。创建选区完毕后，可以进行色相的调整，以此来改变选取对象的颜色，如图3-20所示。

扫码看视频

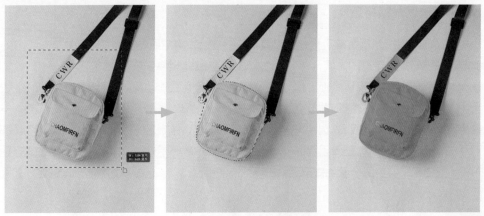

图3-20　使用对象选择工具创建选区

使用 (魔术橡皮擦工具)可以快速去掉图像的背景。该工具的使用方法非常简单，在要清除的颜色范围单击，即可将其清除，如图3-21所示。

扫码看视频

要清除
的颜色范围

单击即可清除图
像中的背景色

图3-21　使用魔术橡皮擦工具

课堂案例　　**快速抠图换背景**

下面讲解为拍摄的精油产品图像替换背景的方法，具体操作如下。

① 启动Photoshop软件，打开"素材"/"第3章"/"精油"素材，如图3-22所示。在工具箱中选择 (快速选择工具)，在选项栏中设置"画笔"的直径为15、"硬度"为70%、"间距"为25%，选中"自动增强"复选框，如图3-23所示。

扫码看视频

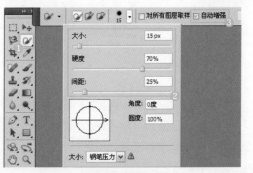

图3-22　打开素材　　　　　　　　　　图3-23　设置工具

② 使用 ⬚(快速选择工具)，在精油瓶的顶部按下鼠标，然后在瓶身上拖动，创建选区，如图3-24
所示。

图3-24 创建选区

③ 使用 ⬚(移动工具)，将选区内的图像移动到新背景中，完成背景的替换，效果如图3-25所示。

图3-25 替换背景

④ 返回打开的素材，使用 ⬚(对象选择工具)在精油瓶身上单击，系统会自动调出整个精油瓶
身的选区，再使用 ⬚(移动工具)将选区内的图像移动到新背景中，完成背景的替换，效果如
图3-26所示。

图3-26 使用对象选择工具替换背景

⑤ 从打开的素材中，我们可以看到背景的颜色比较一致，可以使用 在背景上单击，再使用 将图像移动到新背景中，完成背景的替换，效果如图3-27所示。

图3-27　使用魔术橡皮擦工具替换背景

▶▶ 3.2 与选区结合的抠图方式

3.2.1　路径抠图替换背景

Photoshop中的路径是指在文档中使用钢笔工具或形状工具创建的贝塞尔曲线，路径可以是直线、曲线或封闭的形状轮廓，如图3-28所示。使用路径进行抠图是处理图像边缘最为细致的操作，多用于创建的矢量图像或对图像的某个区域进行抠图。通常情况下，对需要抠图的区域创建路径后，要将其转换为选区才能进行抠图操作。

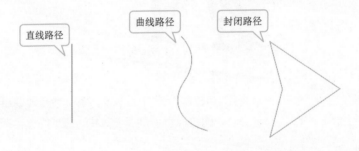

图3-28　路径形状

— 提　示 —

路径抠图适用于任何边缘平滑的商品，通过路径抠图可以非常完美地更换商品的背景，或将多个商品聚集到一起。路径抠图的缺点是不能为毛绒玩具或模特的发丝抠图。

1.路径的创建

创建路径能够精确控制图像的形状和边缘，实现细致的图像编辑和处理。本节为大家详细讲解不同路径的绘制方法和使用的工具。

使用 可以精确地绘制出直线或光滑的曲线，还可以创建形状图层。该工具的使用方法也非常简单，只要在页面中选择一点单击，移动到下一点再

扫码看视频

单击，就可以创建直线路径；在下一点按下鼠标并拖曳可以创建曲线路径，按Enter键绘制的路径会形成不封闭的路径；在绘制路径的过程中，当起始点的锚点与终点的锚点相交时，鼠标指针会变成 ◌ 形状，此时单击鼠标，系统会将该路径创建成封闭路径。使用 ◢(钢笔工具)绘制直线路径、曲线路径和封闭路径的方法如下。

① 启动Photoshop软件，新建一个空白文档，选择◢(钢笔工具)，在页面中单击创建起点，移动到另一点位置后再单击，会得到如图3-29所示的直线路径。按Enter键完成直线路径的绘制。

② 新建一个空白文档，选择◢(钢笔工具)，在页面中单击创建起点，移动到另一点后按住鼠标左键并拖曳，会得到如图3-30所示的曲线路径，按Enter键完成曲线路径的绘制。

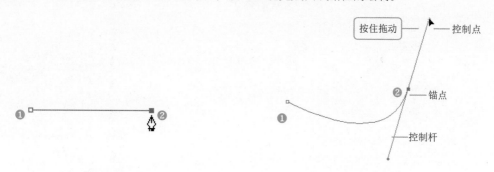

图3-29 绘制直线路径　　　　　　　　　　图3-30 绘制曲线路径

③ 新建一个空白文档，选择◢(钢笔工具)，在页面中单击创建起点，移动到另一点后按住鼠标左键并拖曳，松开鼠标左键后，拖曳鼠标到起始点单击，会得到如图3-31所示的封闭路径，按Enter键完成封闭路径的绘制。

图3-31 绘制封闭路径

2. 将路径转换为选区

通过◢(钢笔工具)创建的路径是不能直接进行抠图的，还要将创建的路径转换为选区，才可以使用 ✛(移动工具)将选区内的图像移动到新背景中。在Photoshop中将路径转换为选区的方法很简单，可以直接按Ctrl+Enter键将路径转换为选区，或通过"路径"面板中的"将路径作为选区载入" ▦ 按钮将路径转换为选区。在Photoshop 2022中，可以直接在属性栏中单击"选区"按钮 选区... ，在弹出的"建立选区"对话框中进行设置，将路径转换为选区，如图3-32所示。

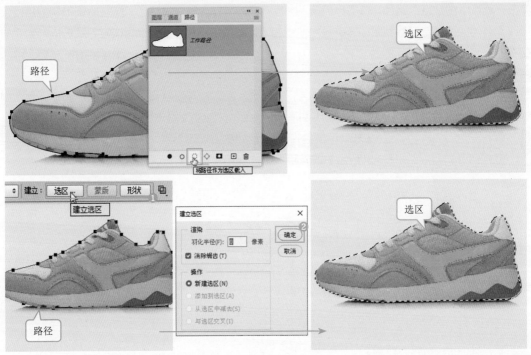

图3-32 将路径转换为选区

课堂案例 **使用钢笔工具抠图换背景**

本例主要介绍对复杂的鞋子造型进行抠图的方法，在抠图过程中讲解 (钢笔工具)的使用技巧。具体操作过程如下。

① 启动Photoshop软件，打开一张拍摄的女鞋照片，如图3-33所示。

② 选择 (钢笔工具)，在属性栏中选择"模式"为"路径"，再在图像中女鞋边缘外

单击创建起始点，沿女鞋边缘移动到另一点，按下鼠标创建路径连线，按住鼠标左键拖曳将连线调整为曲线，如图3-34所示。

扫码看视频

图3-33 打开素材

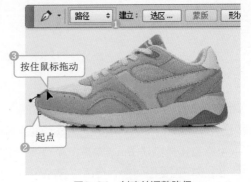

图3-34 创建并调整路径

③ 松开鼠标左键，将光标移动到锚点上，按住Alt键，此时指针右下角出现一个 ▶ 符号，单击鼠标将右侧的控制点和控制杆消除，如图3-35所示。

图3-35 调整锚点

—技 巧—

在Photoshop中，使用 (钢笔工具)沿图片边缘创建曲线路径后，当前锚点会同时拥有曲线特性，创建下一点时如果不按照上一个锚点的曲线方向进行创建，将会出现路径无法按照使用者的意愿进行调整的问题。此时，我们要结合Alt键在曲线的锚点上单击，取消锚点的曲线特性，再进行下一段曲线创建，如图3-36所示。

没有取消锚点特性

取消锚点特性

图3-36 编辑锚点

④ 移动鼠标到下一点单击，并按住鼠标右键拖曳，创建贴合女鞋边缘的路径曲线，再按住Alt键在刚创建的锚点上单击，如图3-37所示。

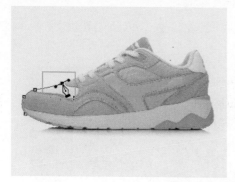
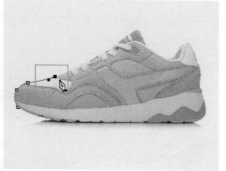

图3-37 创建路径并编辑

⑤ 使用同样的方法，在女鞋边缘创建路径，过程如图3-38所示。

图3-38　创建路径

⑥ 当起点与终点相交时，光标右下角出现一个圆圈，单击鼠标左键，即可完成路径的创建，如图3-39所示。

图3-39　完成路径的创建

⑦ 路径创建完毕，按Ctrl+Enter键将路径转换为选区，如图3-40所示。

图3-40　将路径转换为选区

⑧ 打开一张背景图，将抠取的素材拖曳至背景图中合适的位置，然后结合图层蒙版制作鞋子的倒影，效果如图3-41所示。

图3-41　最终效果

3.2.2　通道抠图替换背景

在Photoshop中使用"通道"进行抠图时，通常需要使用一些工具结合"通道"面板进行抠图操作。在操作完毕后，必须要把编辑的通道转换为选区，再使用▶️(移动工具)将选区内的图像拖曳到新背景中完成抠图。

对通道进行编辑时主要使用✏️(画笔工具)，通道中黑色部分为保护区域，白色部分为可编辑区域，灰色部分为半透明区域，如图3-42所示。

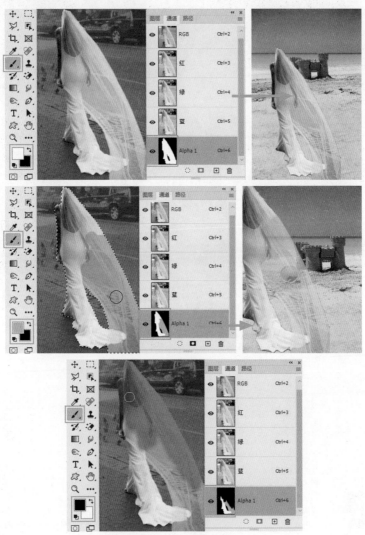

图3-42　编辑通道

技 巧

默认状态时，使用黑色、白色及灰色编辑通道，可以参考表3-1进行操作。

表3-1　编辑通道的使用

涂抹颜色	彩色通道显示状态	载入选区
黑色	添加通道覆盖区域	添加到选区
白色	从通道中减去	从选区中减去
灰色	创建半透明效果	产生的选区为半透明

课堂案例	**使用通道抠图换背景**

本例为大家讲解使用 (画笔工具)为婚纱创建选取范围，再在"通道"中对婚纱透明部分进行半透明抠图。具体的操作过程如下。

扫码看视频

① 启动Photoshop软件，打开附带资源中的"素材"/"第3章"/"婚纱"素材，如图3-43所示。

图3-43　打开素材

② 转换到"通道"面板，拖曳"红通道"到"创建新通道"按钮上，释放鼠标后，得到"红拷贝通道"，如图3-44所示。

③ 执行菜单"图像"/"调整"/"色阶"命令，打开"色阶"对话框，其中的参数值设置如图3-45所示。

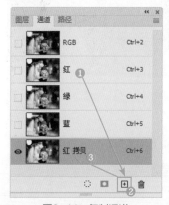

图3-44　复制通道

图3-45　设置色阶参数值

④ 设置完毕，单击"确定"按钮，效果如图3-46所示。

图3-46 调整色阶后效果

⑤ 将前景色设置为"黑色"，使用 (画笔工具)在人物以外的位置拖曳，将周围涂抹为黑色，效果如图3-47所示。

图3-47 编辑背景通道

⑥ 再将前景色设置为"白色"，使用 (画笔工具)在人物上拖曳(切忌在透明的位置上涂抹)，效果如图3-48所示。

图3-48 编辑人物通道

⑦ 在"通道"面板中，选择复合通道，按住Ctrl键单击"红拷贝"通道缩览图，调出图像的选区，如图3-49所示。

图3-49　调出选区

⑧ 按Ctrl+C键拷贝选区内的图像，再打开附带资源中的"海滩"素材，按Ctrl+V键粘贴拷贝的内容，按Ctrl+T键调出变换框，拖动控制点将图像进行适当的缩放，按Enter键完成变换，最终效果如图3-50所示。

图3-50　最终效果

3.2.3　综合抠图替换背景

在对拍摄的产品或模特进行背景替换时，往往不能仅凭一种抠图方式就达到理想的效果。通常情况下，卖家会将几种抠图方式结合，这样操作的好处是针对不同区域可以将边缘处理得更加得当，如图3-51所示。

图3-51 综合抠图

例如，对于模特的头发就不能使用路径进行抠图，如果强行使用会使模特的头发显得僵硬、不自然。

课堂案例 **发丝抠图**

在对模特或动物的照片进行抠图时，会遇到人物的发丝或动物的毛发区域，如果使用 ▽(多边形套索工具)或 ◢(钢笔工具)进行抠图，会出现背景残留的情况，如图3-52所示。

毛发处有
白色背景

扫码看视频

图3-52　毛发边缘有背景颜色

　　此时，可以创建选区，通过"选择并遮住"命令修整发丝背景，具体操作如下。

① 打开附带资源中的"素材"/"项目4"/"丝巾.jpg"素材，使用 (快速选择工具)在人物上拖
　动创建选区，如图3-53所示。

② 创建选区后，执行菜单"选择"/"选择并遮住"命令，打开"选择并遮住"对话框，选择
　(调整边缘画笔工具)，在人物发丝边缘处按下鼠标向外拖曳，如图3-54所示。

图3-53　为素材创建选区

图3-54　编辑选区

③ 在发丝处按下鼠标细心涂抹，此时会发现发丝边缘已经出现在视图中，拖动过程如图3-55所示。

④ 涂抹后，如果发现发丝边缘处还有多余的部分，可以按住Alt键，在多余处拖曳鼠标，如图3-56
　所示。

图3-55 涂抹发丝

按住Alt键
拖动鼠标

图3-56 编辑选区

⑤ 设置完毕，单击"确定"按钮，调出编辑后的选区。打开一张背景图片，使用 ▶♦(移动工具)将选区内的图像拖曳至背景图片中并将其水平翻转，最终效果如图3-57所示。

图3-57 最终效果

第4章

////////////// **网店视觉引流的设计方法**

　　网店视觉引流策略包含外部引流和内部引流两个方面。本章将详细阐述店铺内外的视觉图像设计，具体涉及买家在未进入店铺时看到的店标、直通车广告、钻石展位图等外部元素的设计，以及进入店铺后看到的店招、首屏广告等内部元素的设计。

　　店铺视觉设计可以是单纯的文案，也可以是将图片和文案合成的视觉图像。视觉图像是网上店铺必不可少，也是最直接的一种吸引买家的方式。

▶▶ 4.1　店铺外部视觉设计

4.1.1　店标设计与制作

　　店标即网络店铺的标识，常被称为Logo，文件格式为GIF、JPG、JPEG、PNG，文件大小在80KB以内，建议尺寸为100像素×100像素。

　　设计店标的目的，是在买家尚未进入网络店铺之前，仅凭Logo就能够吸引其注意力。

　　用户在搜索同类商品店铺时，界面左侧会显示店铺的标志，右侧会显示该店铺出售的相关商品，如图4-1所示。

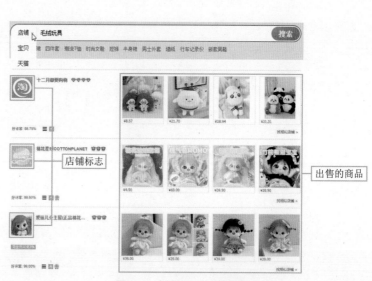

图4-1　店铺标志和出售的商品

1. 店标设计原则

店标通过一定的图案、颜色来传达店铺信息，以达到使买家识别商店、进入店铺的目的。店标应该能够使消费者快速了解商店经营商品的类别或所处行业，风格独特的店标还能够刺激买家产生联想，从而对店铺产生好的印象。

在设计店标时，大致可以分为两类：一类是以设计为主，要求构图有创意、新颖、个性化；另一类是以实物为主，要求店标有内涵，既能体现店铺个性特征、独特品质，又可以直接看出经营的产品，如图4-2所示。

图4-2　设计与实物的店标

2. 店标的设计构思

店标的设计，可以通过文字解说和图形组合的方式来得到理想的方案，还可以通过图像化的显示，让观看者更直观地理解设计者的构思。为了使观看者明确店标在设计过程中所采用的颜色，将制作时使用的标准色附加在演化过程的下方，如图4-3所示。

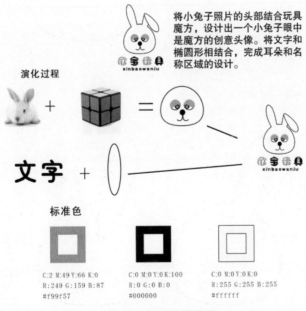

图4-3　店标的制作构思

店标的制作过程

本例以店铺名称"欣宝玩具"为设计蓝本，介绍玩具店铺的店标设计(如果直接按照100像素×100像素进行编辑，图像太小，操作起来很不方便，这里我们先将文档大小创建为店标的5倍，设计完成再将其缩小，这样便于操作)，具体操作过程如下。

① 打开Photoshop软件，执行菜单"文件"/"新建"命令，打开"新建文档"对话框，新建一个"宽度"与"高度"都为500像素的空白文档，如图4-4所示。

② 使用 ◯ (椭圆工具)，在文档中绘制一个圆形，设置"填充"为"白色"，"描边"为"黑色"，"描边宽度"为3点，再使用 ▸ (直接选择工具)拖曳锚点，调整圆形的形状，如图4-5所示。

图4-4 新建文档

扫码看视频

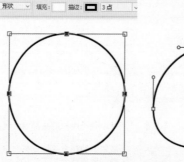

图4-5 绘制圆形并调整其形状

③ 使用 ◯ (椭圆工具)，在文档中绘制椭圆形，再使用 ▸ (直接选择工具)拖曳锚点调整形状，将其作为一侧的耳朵。复制刚绘制的椭圆形，将其水平翻转后，再调整形状，如图4-6所示。

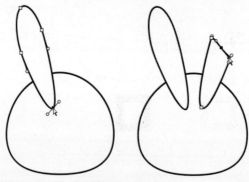

图4-6 绘制耳朵

④　在"图层"面板中，将刚创建的三个图层一同选中，按Ctrl+E键合并图层，效果如图4-7所示。

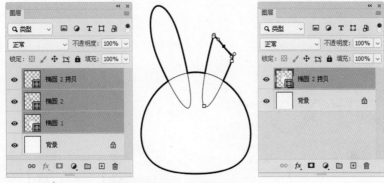

图4-7　合并形状图层

⑤　使用 ◯.(椭圆工具)在文档中绘制椭圆形，使用 ▸.(直接选择工具)拖曳锚点调整形状，如图4-8所示。

图4-8　绘制图形并调整形状

⑥　下面绘制眼睛部分，使用 ◯.(椭圆工具)绘制不同颜色和大小的正圆形，将其作为眼睛，如图4-9所示。

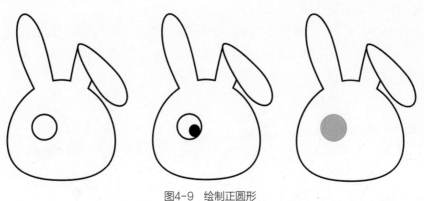

图4-9　绘制正圆形

── 技 巧 ──

如果图形中需绘制很多正圆，也可以复制图形，再调整大小并重新设置"填充"和"描边"的参数。

⑦ 选择橘色正圆后，选择 🖊(钢笔工具)，在属性栏的"路径操作"下拉菜单中，选择"减去顶层形状"命令，然后使用 🖊(钢笔工具)绘制路径，对橘色正圆进行编辑，效果如图4-10所示。

⑧ 下面绘制魔方，新建一个图层，使用 🔲(矩形工具)绘制一个白色矩形，使用 🗑(橡皮擦工具)在中间擦出垂直和水平两条缝隙，按Ctrl+T键调出变化框后，将其缩小并旋转，然后拖曳至黑色正圆眼球上面，如图4-11所示。

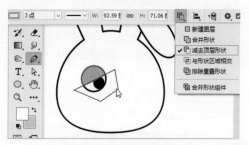

图4-10 减去顶层局部区域　　　　　　　　　　图4-11 绘制魔方

⑨ 将眼睛对应的图层全部选中，按Ctrl+Alt+E键得到一个复制后的合并图层，将合并后的图层进行水平翻转并调整位置，如图4-12所示。

⑩ 使用 ⭕(椭圆工具)，绘制一个黑色正圆，作为小兔子的鼻子，如图4-13所示。

图4-12 合并后复制图层　　　　　　　　　　图4-13 绘制正圆

⑪ 绘制小兔子的嘴巴，选择 🖊(钢笔工具)，在属性栏中设置"填充"为"白色"，"描边"为"黑色"，"描边宽度"为3点，使用 🖊(钢笔工具)在鼻子下面绘制路径形状，如图4-14所示。

⑫ 使用 🔤(横排文字工具)，在小兔子下面输入中文和拼音的店标名称，如图4-15所示。

图4-14 绘制嘴巴　　　　　　　　　　图4-15 输入店标名称

⑬ 执行菜单"图像"/"图像大小"命令，打开"图像大小"对话框，重新设置"宽度"与"高度"都为100像素，如图4-16所示。

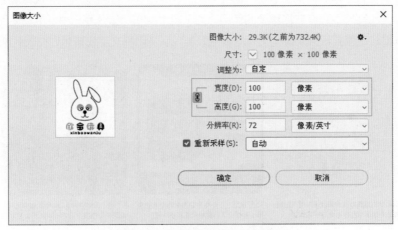

图4-16 设置"图像大小"对话框

⑭ 设置完毕，单击"确定"按钮，完成店标的制作，效果如图4-17所示。

图4-17 店标制作效果

对于不同产品可以设计出不同的店标，如图4-18所示。

图4-18 各种店标的设计

4.1.2　直通车图片的设计与制作

买家在没有进入店铺或详情页之前，最先看到的就是直通车图片。所以，设计直通车图片，在网络店铺的运营和推广中起着非常重要的作用。为了吸引买家、提升点击率、推动商品曝光并带来流量，直通车推广的首要任务是优化图片的视觉效果，以及精炼文字和排版，如图4-19所示。

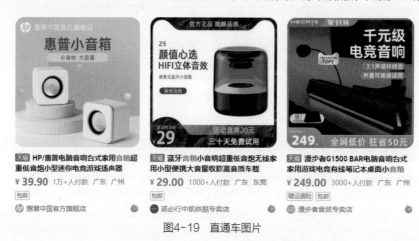

图4-19　直通车图片

直通车图片设计的好坏，能够直接影响店铺的销量。因此，在设计图片时，应该在视图美观、吸引买家、传达主体信息，以及直通车的设计要领方面下功夫。

(1) 视图美观。视图美观是直通车图片设计的最基本原则。试想一下，如果直通车图片用色俗气、版式杂乱无章、文字难以辨认，且错字频出……这样的图片恐怕会使买家失去再次观看的欲望，又何谈进行有效的宣传推广和招揽顾客呢？设计精美且时尚的直通车图片，无论是从配色、版式布局到文字应用，都令买家感到舒心与惬意，这样的网店直通车图片无疑会受到买家的追捧。图4-20为直通车图片的优秀设计案例。

图4-20　直通车图片设计案例

(2) 吸引买家。在确定设计方向之后，制作直通车图片还需着重考虑商品的卖点，通过巧妙地在图片中展现并放大这些卖点，能够更为直观有效地为商品吸引流量。图4-21是对商品卖点的简单总结。

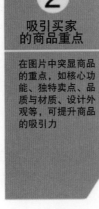

图4-21　吸引买家的商品卖点

通过在直通车图片中突显商品本身的价格优势和商品重点，可以更加容易吸引买家。在设计商品照片时，应该避免直接突出商品本身，而是吸引买家注意到商品的品牌，随后再展示商品的促销价格或重要特点。这样设计的好处在于，可以让买家在心理上更容易接受该品牌的商品，从而达到成交的目的。图4-22为在设计时突显价格优势和商品重点的直通车图片。

图4-22　吸引买家的价格和重点

如果想从图片设计方面吸引买家，可以在色彩和布局上进行构思，即让买家看着舒服，然后接受该商品，如图4-23所示。

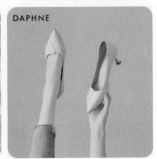

图4-23　吸引买家的色彩与布局

(3) 传达主体信息。明确商品的卖点后，就要根据卖点进行直通车图片的后期设计工作了。在设计中，要考虑是采用单一的商品展示方式，还是将商品与文案相结合，抑或通过商品与文案创意结合的形式，以更有效地传达主体信息，如图4-24所示。

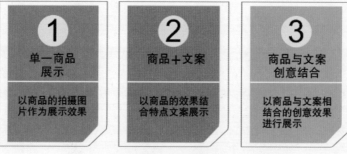

图4-24　传达主体信息的形式

其中，单一商品展示，是通过高清图片直接呈现商品的特点，适合外观独特、设计感强的商品；商品与文案相结合，利用精炼文字辅助说明商品功能、使用效果或促销信息，帮助消费者快速理解卖点；三是商品与富有创意的文案融合，通过巧妙设计将两者融为一体，创造视觉冲击力和情感共鸣，适合希望建立独特的品牌形象、强调故事或价值观的商品。每种方式各有优势，需根据商品特性和营销目标灵活选择，如图4-25所示。

图4-25　传达主体信息的商品图片

（4）直通车的设计要领。在对直通车图片进行设计时，一定要考虑设计图片的一些要领，使商品图片在众多竞争图片中脱颖而出。图4-26总结了三点设计要领。

图4-26　直通车的设计要领

其中，清晰传达商品信息是设计的根本目的，因此要确保图片能准确反映商品的外观、功能及卖点，同时保持简洁。文案的精炼与巧妙融入同样重要，用简短有力的文字强化商品价值，引导消费者做出购买决策。考虑目标受众的偏好和购物心理，调整设计风格，使图片更具吸引力和相关性。掌握这些要领，将有效提升直通车图片的营销效果。

提 示

在设计直通车图片时，要想展现出差异化效果，一定要结合搜索环境去考虑，我们要了解对手都在用什么样的图片、浏览的页面中商品图片是怎样的，通过这些基础分析的结果，考虑做差异化的图片设计。

课堂案例 **直通车图片制作**

本例是为毛绒玩具商品制作一张直通车图片，通过设计为商品增加一些视觉效果。由于商品主体是玩具，可以以室内展台为背景，突出商品本身的颜色与材质，效果如图4-27所示。具体操作如下。

扫码看视频

① 分析当前图片的设计布局。本设计以左右结构作为整体的布局，在此基础上进行相应的设计，如图4-28所示。

图4-27 毛绒玩具直通车图片

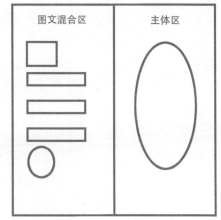

图4-28 图片布局

② 新建一个"宽度"与"高度"都为800像素的正方形空白文档，打开附带资源中的"展台"素材，使用 ⊕ (移动工具)将素材中的图像拖曳到新建文档中，如图4-29所示。

③ 执行菜单"文件"/"打开"命令，或按Ctrl+O键，打开"毛绒玩具"素材，如图4-30所示。

④ 使用 🔲 (对象选择工具)，框选素材中的主体，创建选区，如图4-31所示。

图4-29 新建文档并移入素材

图4-30 打开素材

图4-31 创建选区

⑤ 执行菜单"选择"/"选择并遮住"命令，进入"选择并遮住"编辑状态，选中"净化颜色"复选框，如图4-32所示。

图4-32　选中"净化颜色"复选框

⑥ 设置完毕，单击"确定"按钮，使用 ▶+(移动工具)将抠出的图像拖曳至背景文档中，并调整其大小和位置，效果如图4-33所示。

图4-33　拼合并调整图像

⑦ 在"图层"面板中单击 ●(创建新的填充或调整图层)按钮，在弹出的菜单中选择"色相/饱和度"命令，在打开的"色相/饱和度"属性面板中设置各项参数，如图4-34所示。

图4-34　设置颜色参数

⑧ 在"图层"面板中，选择玩具所在的图层，执行菜单"图层"/"图层样式"/"投影"命令，打开"图层样式"对话框，其中的参数值设置如图4-35所示。

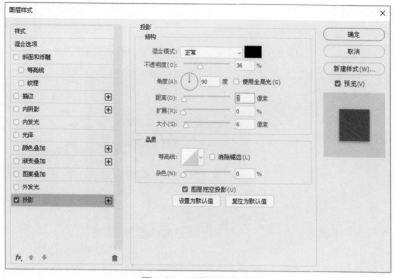

图4-35 设置投影参数值

⑨ 设置完毕，单击"确定"按钮，效果如图4-36所示。

⑩ 执行菜单"图层"/"图层样式"/"创建图层"命令，将投影单独变为一个图层，使用 ✐(橡皮擦工具)擦除多余区域，效果如图4-37所示。

图4-36 添加投影

图4-37 擦除投影多余部分

⑪ 新建一个图层，选择 ✂(多边形套索工具)，在属性栏中设置"羽化"为"20像素"。在玩具的脚部创建选区后，填充黑色，并在"图层"面板中设置"不透明度"为47%，效果如图4-38所示。

图4-38 制作阴影

⑫ 按Ctrl+D键去掉选区，将除了背景以外的所有图层一同选取，按Ctrl+G键进行编组，并生成"组1"图层组，如图4-39所示。

⑬ 复制"组1"图层组，并创建三个组拷贝层，然后分别缩小和调整其位置，效果如图4-40所示。

图4-39　编组图层

图4-40　复制并编辑图层组

⑭ 打开之前制作的"店标"文档，将其合并后拖曳到当前编辑的文档中，效果如图4-41所示。

⑮ 使用▢(矩形工具)绘制一个白色圆角矩形，为矩形添加"投影"图层样式，效果如图4-42所示。

⑯ 使用T.(横排文字工具)在图像中输入不同大小和颜色的文字，将其作为直通车的文字说明，如图4-43所示。

图4-41　移入标志　　　　图4-42　绘制圆角矩形　　　　图4-43　输入文字

⑰ 使用◯.(椭圆工具)在页面绘制几个圆环和正圆作为点缀，复制一个毛绒玩具放大后降低不透明度，移动到画面左上角处，将其作为背景修饰，至此本次直通车图片制作完毕，效果如图4-44所示。

图4-44　直通车图片最终效果

4.1.3 钻展图设计与制作

淘宝钻展位能有效吸引买家进入店铺，尽管钻展图片看似简单，但其制作过程却颇具挑战性。设计者需确保图片足够吸引人，并熟悉各购物网站对图片制作规格的规定。一张优质的钻展图无疑可以为店铺带来可观的流量，因为这些展位遍布网站的首页、频道，以及站外页面中。图4-45为淘宝首屏的钻展主图。

图4-45 淘宝首屏钻展图

在投放钻展图之前，商家需要经过大量的数据分析并精确预算投入产出比，毕竟这是付费广告，若缺乏明确的经济效益预期，商家不会贸然行事。因此，钻展广告投放前的图片设计要求极为严格。钻展图如同店铺的迎宾，设计得当将极大提升流量。其设计原则与直通车广告相似，但要求更加严格。

钻展位的特点主要包含：

(1) 范围广，覆盖全国大约80%的网上购物人群，每天超过12亿次的展现机会；

(2) 定向精准，目标定向强，迅速锁定目标群体，广告投其所好，提高广告转化率。

课堂案例 **钻展图的主图设计与制作**

钻展主图是指淘宝首页第一屏中的焦点图，在设计时要求制作者必须掌握图片的尺寸规格，同时挖掘并展现商品的卖点，并精心构思与之匹配的文案内容。本例以运动女鞋作为素材，进行钻展图的设计与制作。案例中只有一张素材，当素材受到限制时，我们要在背景和文字布局上进行创意设计，如图4-46所示。具体操作如下。

扫码看视频

图4-46　钻展图

① 启动Photoshop软件，新建一个"宽度"为520像素、"高度"为280像素的空白文档，再打开附带资源中的"天空"素材。使用▶+(移动工具)，将"天空"素材中的图像拖曳至新建文档中，按Ctrl+T键调出变换框，拖曳变换框的控制点调整大小和位置，如图4-47所示。

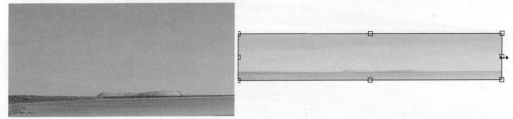

图4-47　新建文档移入图像

—技　巧—

如果移入的素材清晰度不高，可以通过"锐化"命令，对清晰度进行轻微调整。

② 按Enter键完成变换。新建图层，使用▢(矩形工具)绘制4个粉色与浅粉色的矩形，如图4-48所示。

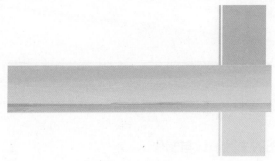

图4-48　绘制矩形

③ 打开附带资源中"鞋子"素材，使用▶+(移动工具)将"鞋子"素材中的图像拖曳至新建文档中，调整大小和位置，如图4-49所示。

④ 在鞋子图层的下方新建一个图层，使用◯(椭圆选框工具)绘制一个椭圆选区并填充黑色，如图4-50所示。

⑤ 按Ctrl+D键取消选区，执行菜单"滤镜"/"模糊"/"高斯模糊"命令，打开"高斯模糊"对话框，其中的参数值设置如图4-51所示。

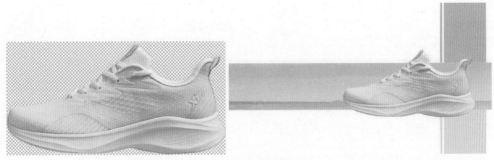

图4-49 移入和调整素材

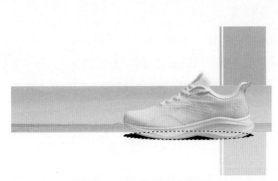

图4-50 绘制选区并填充黑色

图4-51 设置"高斯模糊"参数

⑥ 设置完毕，单击"确定"按钮，然后在"图层"面板中设置"不透明度"为55%，效果如图4-52所示。

图4-52 模糊后设置不透明度

⑦ 使用 **T.**(横排文字工具)，在图像中输入不同大小和颜色的文字内容，并将其进行相应的版式布局，如图4-53所示。

⑧ 使用 ○.(椭圆工具)，在页面绘制不同大小和颜色的正圆，放置在页面中不同的位置，再调整一下不透明度，完成本例的制作，效果如图4-54所示。

由于淘宝网首页不允许出现Flash广告，所以只能用JPG格式或者GIF格式的图片。字体建议使用方正字体，以及宋体、黑体。

图4-53　输入并调整文字　　　　　　　　图4-54　最终效果

课堂案例 **钻展图右侧小图的设计与制作**

　　钻展小图在购物网站首屏中也会起到非常重要的作用，本例以女士高跟鞋为素材，制作一个钻展小图，如图4-55所示。在设计时，根据模特所处位置，在图片上方绘制图形，结合文本制作具有透明效果的文字背景。具体操作如下。

① 打开Photoshop软件，执行菜单"文件"/"打开"命令，打开"素材"/"第4章"/"女鞋"素材，如图4-56所示。

② 新建一个"宽度"为200像素、"高度"为250像素的空白文档，使用 ▸+ (移动工具)将"女鞋"素材拖曳至新建文档中，效果如图4-57所示。

图4-55　首屏钻展小图　　　　　图4-56　打开素材　　　　　图4-57　新建文档并移入素材

③ 新建图层2，使用 ⊻ (多边形套索工具)绘制选区，将其填充为"姜黄色"，在"图层"面板中设置"不透明度"为60%，效果如图4-58所示。

④ 新建图层3，使用 ╱ (直线工具)绘制姜黄色直线，在"图层"面板中设置"不透明度"为60%，效果如图4-59所示。

图4-58　绘制选区并填充颜色　　　　　　图4-59　绘制直线

⑤ 使用同样的方法，绘制黑色图形、姜黄色圆角矩形，以及线条，如图4-60所示。

⑥ 输入与文档相对应的文案，完成钻展小图的制作，效果如图4-61所示。

图4-60　绘制图形

图4-61　最终效果

4.2　店铺内部视觉设计

店铺内部视觉设计，作为品牌形象与顾客体验的首要交汇点，其重要性不言而喻。它不仅直接关系到店铺的美观度与吸引力，更是塑造品牌形象、传递品牌价值，以及激发顾客购买意愿的核心要素。一个经过深思熟虑的内部视觉布局设计，能够显著提升顾客在店铺内的驻足时间与探索深度，进一步优化商品展示效果，促进销售转化率的提升，从而为店铺业绩的稳步增长注入强劲动力。本节将重点探讨店招、首屏广告图或轮播图，以及自定义区域这三方面的设计细节。

4.2.1　店招设计与制作

一个出色的店招能够使买家在进入店铺的瞬间便产生深刻的第一印象，使买家一眼便能从店招区域识别出店铺的经营范围，这就是店招在店铺中的作用。在设计店招的过程中，尺寸必须作为首要考虑因素，因为不符合要求的尺寸将直接导致店招无法正常上传，从而影响其展示效果。

店招要直观明确地告诉买家，店铺销售的商品、商品的卖点，表现形式最好是实物照片和文字介绍，如图4-62所示。

图4-62　店招

在制作店招时，应遵循以下几个要点。

- **店铺名称**：告诉客户店铺的名称，品牌店铺可以重点突出品牌名称。
- **实物照片**：直观形象地告诉买家，店铺是卖什么商品的。
- **商品特点**：直接阐述店铺商品的特点，第一时间打动买家，吸引买家。
- **店铺(商品)优势和差异化**：告诉买家店铺和产品的优势，以及与其他店铺的不同，形成差异化竞争。

课堂案例 **全屏店招的设计与制作**

本例为"欣宝玩具屋"设计和制作店招，全屏店招的尺寸为1920像素×120像素，以天空色作为店招的背景，具体制作过程如下。

扫码看视频

① 启动Photoshop软件，新建一个"宽度"为1920像素、"高度"为120像素、"分辨率"为72像素/英寸的空白文档。设置完毕，单击"确定"按钮。使用 ◼(渐变工具)，从上向下拖动鼠标，填充"从(R:71 G:200 B:250)到(R:178 G:228 B:255)"的线性渐变色，如图4-63所示。

图4-63 新建文档并填充渐变色

② 使用 ✎(画笔工具)，选择"云朵"画笔，新建一个图层，绘制白色云彩，如图4-64所示。

图4-64 绘制云彩

③ 新建图层，绘制矩形，将中间矩形填充渐变色，在矩形之间绘制选区并填充深色，让图形产生立体感，如图4-65所示。

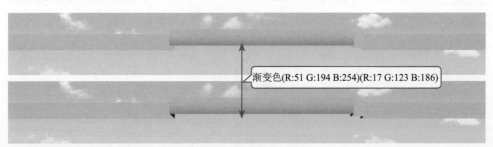

渐变色(R:51 G:194 B:254)(R:17 G:123 B:186)

图4-65 新建图层并绘制图形

④ 新建图层，使用 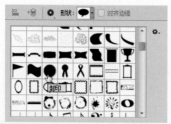(自定义形状工具)绘制一个白色"封印"图形，如图4-66所示。

图4-66　绘制自定义图形

⑤ 执行菜单"图层"/"图层样式"/"外发光"命令，打开"图层样式"对话框，设置参数后，单击"确定"按钮，效果如图4-67所示。

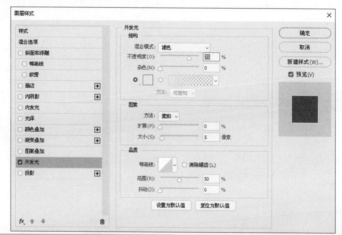

图4-67　设置图层样式

⑥ 将刚绘制的图形复制两个副本，并调整副本位置，再绘制直线和正圆图形进行点缀，效果如图4-68所示。

图4-68　绘制直线和正圆形

⑦ 使用 **T.**(横排文字工具)，输入与店招相对应的文字和绘制白色直线，并为文字添加"外发光"图层样式，效果如图4-69所示。

图4-69 输入文字并绘制直线

⑧ 选择底部的蓝色文字，分别执行菜单"图层"/"图层样式"/"描边"和"颜色叠加"命令，分别打开"图层样式"对话框，设置参数后、单击"确定"按钮，效果如图4-70所示。

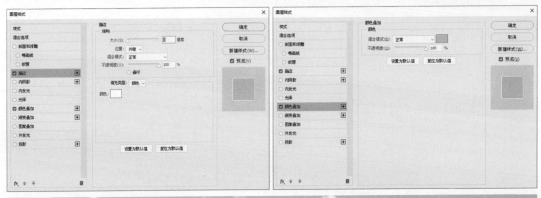

图4-70 设置图层样式

⑨ 打开"素材"/"第5章"/"小熊"素材，使用 (魔术橡皮擦工具)在白色背景上单击，去除背景，如图4-71所示。

图4-71 打开素材并去除背景

⑩ 将小熊素材移到"欣宝玩具屋(店招)"文档中，复制几个副本，按Ctrl+T键调出变换框，调整大小并在"图层"面板中设置中间小熊的混合模式为"线性加深"，如图4-72所示。

图4-72 变换并设置混合模式

⑪ 新建图层，使用 (自定义形状工具)绘制一个白色"会话1"图形，执行菜单"编辑"/"变换"/"水平翻转"命令，效果如图4-73所示。

图4-73　绘制自定义图形

⑫ 使用 **T**(横排文字工具)在会话图形上输入Ted，再在"各种玩具/配置齐全"文字的后面绘制一个白色矩形，将"不透明度"设置为57%，至此"欣宝玩具屋"的店招图片制作完毕，效果如图4-74所示。

图4-74　最终效果

> **课堂案例**　**标准店招的制作**

　　全屏店招制作完毕，下面在此基础上制作标准店招，标准店招大小为950像素×120像素，具体制作过程如下。

① 打开制作完成的全屏店招，执行菜单"图层"/"拼合图像"命令，将多图层文档合并为一个图层，如图4-75所示。

② 选择 (矩形选框工具)，在属性栏中设置"样式"为"固定大小"，"宽度"为950像素，"高度"为120像素，如图4-76所示。

图4-75　拼合图像

扫码看视频

图4-76　设置选区属性

③ 新建一个图层，使用 (矩形选框工具)在文档中单击，绘制一个950像素×120像素的矩形选区，将其填充为"黑色"，如图4-77所示。

图4-77　绘制矩形填充

④ 按Ctrl+D键去除选区，在"图层"面板中，将两个图层全部选中，执行菜单"图层"/"对齐"/"水平居中"命令，如图4-78所示。

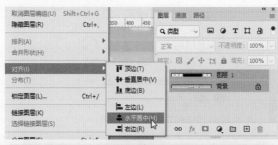

图4-78　对齐图层

⑤ 按住Ctrl键，单击"图层1"缩览图，调出矩形的选区，再关闭"图层1"的视图，效果如图4-79所示。

图4-79　调出选区隐藏图层

⑥ 执行菜单"图像"/"剪裁"命令，至此标准店招制作完毕，效果如图4-80所示。

图4-80　最终效果

4.2.2　首屏广告图或轮播图设计与制作

首屏广告图或轮播图在网店中的主要目的是吸引买家注意，从而提升转化率。它们位于网店的第一屏，买家进入网店后，首先会看到店招、导航，以及这些首屏广告或轮播图。然而，由于电脑屏幕的高度是有限的，为了确保买家能够完整看到广告图，必须控制其高度，使其与店招和导航能同时显现在一屏内。当前，全屏通栏广告或轮播图在网店中颇为流行，这样的设计旨在让网店整体显得更加高端、大气。

课堂案例　**全屏广告图的设计与制作**

全屏广告图通常会被放置在第一屏中，设计全屏广告图时要考虑首屏的高度。本例以"欣宝玩

104

具"作为设计主体，介绍全屏广告图的设计与制作方法。具体操作如下。

① 启动Photoshop软件，新建一个"宽度"为1920像素，"高度"为700像素的空白文档。打开"素材"/"第4章"/"小熊"素材，将其拖曳至新建文档中，执行菜单"编辑"/"内容识别缩放"命令，拖动控制点将图像进行满屏调整，效果如图4-81所示。

图4-81　新建文档并添加素材

② 执行菜单"图像"/"调整"/"去色"命令，或按Ctrl+Shift+U键去除颜色，再执行菜单"滤镜"/"模糊"/"高斯模糊"命令，打开"高斯模糊"对话框，其中的参数值设置如图4-82所示。

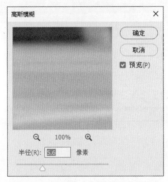

图4-82　设置"高斯模糊"参数

③ 设置完毕，单击"确定"按钮，效果如图4-83所示。

图4-83　模糊效果

④ 选择"小熊"素材，执行菜单"选择"/"主体"命令，系统会为图像中的小熊创建选区，再将其拖曳到新建文档中，效果如图4-84所示。

图4-84　创建选区并移动图像

⑤ 新建图层，使用 (多边形套索工具)创建两个形状选区，分别设置"填充"为"淡青色"和"青色"，"描边"为"无"，然后降低图层的不透明度，效果如图4-85所示。

图4-85　绘制形状

⑥ 使用 (钢笔工具)绘制两个线条，设置"填充"为"无"，"描边"为"青色"，然后降低其不透明度，效果如图4-86所示。

图4-86　绘制线条

⑦ 使用 (横排文字工具)输入4个文字，将文字字体设置为毛笔字体，效果如图4-87所示。

图4-87　输入文字

⑧ 分别执行菜单"图层"/"图层样式"/"投影"和"描边"命令，分别打开"图层样式"对话框，其中的参数值设置如图4-88和图4-89所示。

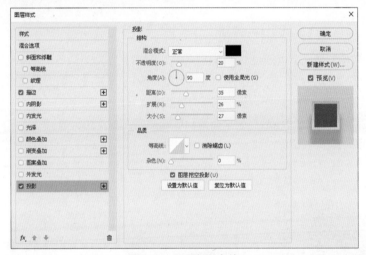

图4-88　设置投影参数

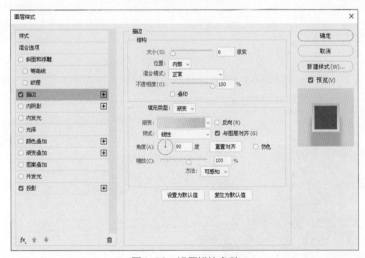

图4-89　设置描边参数

⑨ 设置完毕，单击"确定"按钮，在"图层"面板中设置文字图层的"填充"为10%，效果如图4-90所示。

图4-90 设置文字样式

⑩ 按住Ctrl键，单击文字所在的图层缩览图，调出选区，执行菜单"选择"/"修改"/"扩展"命令，打开"扩展选区"对话框。在对话框中，设置"扩展量"为"10像素"，设置完毕，单击"确定"按钮，效果如图4-91所示。

⑪ 在文字的下方，新建一个图层，填充颜色后，按Ctrl+D组合键取消选区。执行菜单"图层"/"图层样式"/"描边"命令，打开 "图层样式"对话框，设置参数后，单击"确定"按钮，在"图层"面板中，设置新建图层的"填充"为0%，效果如图4-92所示。

图4-91 扩展选区

图4-92 添加描边

⑫ 使用□(矩形工具)和△(三角形工具)分别绘制圆角矩形和三角形，设置"填充"和"描边"后，再调整图形的不透明度，效果如图4-93所示。

图4-93 绘制并设置圆角矩形和三角形

⑬ 使用 T.(横排文字工具)输入对应的文字，效果如图4-94所示。

图4-94 输入文字

⑭ 使用 ✎.(钢笔工具)绘制修饰线条，至此全屏广告图制作完毕，效果如图4-95所示。

图4-95 最终效果

若要制作首屏轮播图，则需再制作一张全屏广告图，如图4-96所示。然后配置成能够实现两张图片交替展示、轮番播放的效果，具体的制作过程大家可以参考视频教程。

扫码看视频

图4-96 全屏广告图

4.2.3 自定义区域图像设计

淘宝网店还可以在广告图、陈列区、店铺公告、店铺收藏等区域进行相应的设计，以进一步吸引买家的目光，如图4-97所示。

图4-97　自定义区域图像

第5章

网店详情页设计

网店详情页，也称为宝贝详情页、商品描述页、单品展示页或内部详情页面，是全面且深入地介绍商品各项信息的核心板块，对于推动商品成交起着至关重要的作用。一个精心设计、精准贴合消费者心理需求的详情页，能够显著提升销售转化率，促进商品成交。

5.1 设计详情页的重要性

网店详情页能够有效地向引流而来的顾客详尽展示商品信息，使买家能够深入细致地了解商品的每一个细节，进而增强他们做出购买决定的意愿。图5-1为网店详情页的设计示例。

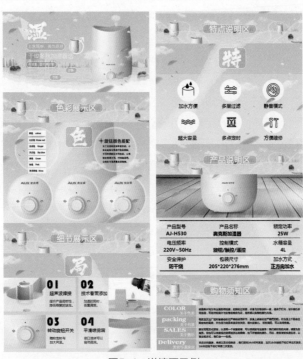

图5-1 详情页示例

本节主要介绍详情页在网店中的主要作用。

5.1.1 辅助商品引流

在购物网站中，消费者通过关键词搜索精准定位到心仪的商品并点击主图后，便进入商品详情页。这个页面作为买家与商品深入交流的桥梁，其重要性不言而喻。详情页通过高清的图片、详尽的文字描述、直观的尺寸参数，以及可能包含的视频展示，全方位、多角度地向买家呈现商品的魅力，旨在消除买家的疑虑，增强购买信心，从而有效提升该商品的成交概率。

详情页在网店引流与转化策略中扮演着举足轻重的角色，它不仅是商品信息的全面展示窗口，更能引导买家深入店铺内部、探索更多相关商品。通过精心设计的详情页布局与引导性文案，买家在了解当前商品的同时，也能被巧妙地吸引至店铺主页，对其他可能感兴趣的商品产生购买欲望。这种由内而外的流量引导机制，不仅有助于提升店铺的整体曝光率与销售额，更为网店构建了一个良性循环的生态系统，为长期的运营与发展奠定了坚实的基础。

5.1.2 详细讲解商品

详情页作为电商购物体验中的核心组成部分，其首要功能便是向买家全面展示并细致介绍商品。通过高清图像、精准的文字描述及详尽的规格参数，详情页能够生动直观地展现商品的每一个细节，让买家即便身处屏幕之外，也能感受到商品的质感与特色。不仅如此，详情页还是传达促销信息、限时优惠及新品预告的重要渠道，可有效激发买家的购买欲望。同时，一个设计精良、风格统一的详情页，能够深刻体现店铺的品牌形象与格调，无形中增强买家对店铺的信任与忠诚度。

更为重要的是，一个极具吸引力的详情页，在商品讲解与展示中扮演着无可替代的角色。它不仅能够详尽无遗地解答买家关于商品的种种疑问，减少因信息不对称而产生的顾虑，还能通过故事化的叙述手法或情感共鸣的文案，搭建起买卖双方沟通的桥梁，让买家在了解商品的同时，感受到品牌的温度与故事。这样的详情页，不仅减轻了客服团队的工作负担，提高了服务效率，更在无形中促进了买家与店铺之间的情感联结，为商品的销售转化与口碑传播奠定了坚实的基础。

5.1.3 促成交易

详情页无疑是影响在线交易能否顺利达成的关键因素之一。买家在浏览详情页后，若感到满意，便会激发购买欲望，或进一步探索店铺首页及其他页面，寻找更多心仪的商品；反之，若不满意，则可能直接关闭页面，转向其他店铺。相较于店铺首页，详情页因直接面向买家，详尽介绍商品特性，往往承载着更重的转化责任，需经受买家在众多同类商品中的反复比较与考量。

一个设计出色的详情页，能够显著提升买家在页面上的停留时间，有效促进转化率，甚至带动客单价的提升。它通过精准的商品信息展示、富有吸引力的视觉设计，以及巧妙的营销布局，牢牢抓住买家的注意力，引导其深入了解商品价值，从而促成交易。相反，质量不佳的详情页则可能因信息不全、视觉杂乱或缺乏吸引力，导致买家迅速跳失，错失潜在的销售机会。因此，详情页不仅要全面、准确地传达商品信息，更需在视觉表现上具备强烈的营销意图，通过和谐的配色、美观的布局和引人入胜的呈现方式，从第一眼就吸引住买家，为交易的达成奠定坚实的基础。

5.2 **详情页的设计与制作**

5.2.1　详情页的设计思路

　　详情页的设计绝非仅仅是将几张商品图片随意摆放并添加一些参数表那么简单，而是通过精心策划与构思，旨在有效帮助商家提升销量。在打造一张优秀详情页的过程中，大约需要花费60%的时间进行调查与构思，以确定设计方向，而剩余40%的时间则用于具体的设计与优化工作。

　　一个好的网店美工，不仅要懂得美化图片、合成效果图，还要参与到营销当中，将商品的真实描述详情制作到图片中，掌握详情页的作用，放大商品的卖点。

　　详情页的设计思路，如表5-1所示。

表5-1　详情页的设计思路

设计思路	具体操作
了解商品详情的作用	商品详情页是提高转化率的入口，激发买家的消费欲望，树立买家对店铺的信任感，打消买家的消费疑虑，促使买家下单。优化详情页可以提升转化率，但是起决定作用的还是商品本身
设计详情页遵循的前提	商品详情页要与商品主图、商品标题契合，商品详情页必须真实地介绍商品的属性。假如标题或主图里写的是韩版女装，但是详情页却是欧美风格，顾客看到不是自己想要的商品肯定会马上关闭页面
设计前的市场调查	设计商品详情页之前要充分进行市场调查，既要进行同行业调查，规避同款，也要做好消费者调查，分析消费人群和消费能力、喜好，以及在意的问题等
调查结果及产品分析	根据市场调查结果及自己的商品进行系统的分析总结，罗列出消费者在意的问题、同行的优缺点，以及自身商品的定位，挖掘自身与众不同的卖点
商品定位	根据店铺商品及市场调查确定本店的消费群体
挖掘商品卖点	针对消费群体挖掘商品卖点。商品卖点有很多，如价格、款式、文化、感觉、服务、特色、品质、人气等
开始准备设计元素	根据对买家的分析及自身商品卖点的提炼，再结合商品风格的定位，开始准备所用的设计素材，详情页所用的文案，以及确立商品详情页的用色、字体、排版等，还要烘托出符合商品特性的氛围背景。要确立的设计元素有配色、字体、文案、构图、排版、氛围等

　　1.如何进行调查？

　　答：通过淘宝指数，可以清楚地查到消费者的喜好、消费能力及地域等数据，学会利用这些数据对优化详情页很有帮助。另外，可以使用付费软件的分析功能。

　　2.如何了解消费者最在意的问题？

　　答：可以在商品评价中发现有价值的信息，了解买家的需求，购买后遇到的问题等。

5.2.2 详情页的布局

详情页一般由多个部分组成，从上向下依次为主图区、左侧区、右侧区，如图5-2所示。

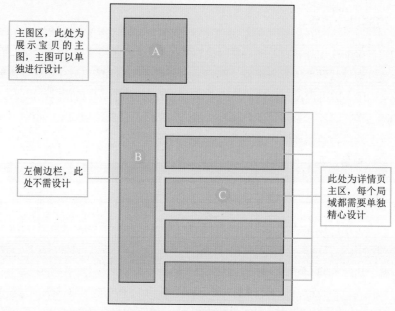

图5-2 详情页的组成

详情页中的C区是一个可以自由发挥创意的设计区域，其布局从上至下依次为广告展示、商品卖点介绍，以及细节图片展示等部分。在构建详情页时，我们应遵循一个核心原则：商品价值加上消费信任感等于促成下单。因此，详情页的上半部分主要聚焦于阐述商品的价值，而下半部分则致力于培养顾客的消费信任感。

详情页的设计还应在颜色选择、字体运用及布局排版上精益求精，这些设计元素对于赢得买家的信任至关重要。详情页的每一个组成部分都承载着其独特的价值，因此在设计过程中，我们需要对各部分进行细致的推敲和精心的设计。

在网购选择越来越多的情况下，买家浏览页面的耐心有限，所以页面并非越长越好，而是在有效传达商品信息的基础上让页面越精炼越好。

5.2.3 详情页的框架

在进行详情页设计之前，一定要根据整体的设计效果起草一个框架，目的是在设计时不会出现盲目、无从下手的情况。框架的设计思路如下：

首先，按照详情页布局构成及实体店的购买流程，设计商品的广告图，用来吸引买家；其次，展示商品本身的细节内容，让买家了解具体的商品卖点；最后，对商品与配套商品进组合推荐。根据上述分析，我们可以大致规划出详情页的结构框架，如图5-3所示。

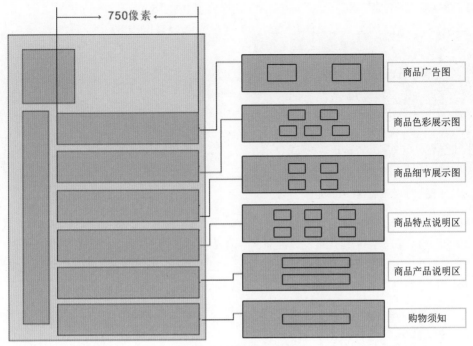

图5-3　详情页的结构框架

5.2.4　详情页的制作

本节以毛绒玩具作为详情页装修目标，在设计时要先对布局框架、风格定位、配色方案等进行设置，再对需要的素材进行详细处理，然后对局部进行单独设计，最后合成详情页。

—　技　巧　—

电脑横屏与手机竖屏的视觉差异显著，影响视觉体验需求。例如，电脑端详情页，天猫店铺的页宽为790像素，淘宝为750像素；手机端详情页，淘宝显示宽750像素，建议高度控制在960像素，以适配屏幕尺寸。上传图片后，手机端设计需采用竖屏思维，并增大字号，详情页应自动配备放大镜功能，以提升浏览体验。

课堂案例　**商品广告区设计**

详情页中的创意主图，主要起到第一时间吸引买家注意力的作用，从而使买家继续浏览页面中其他的内容。商品广告区创意主图的具体制作步骤如下。

扫码看视频

① 启动Photoshop软件，执行菜单"文件"/"新建"命令，或按Ctrl+N键，新建一个"宽度"为750像素、"高度"为450像素、"分辨率"为72像素/英寸的空白文档，并将其背景色填充为"淡黄色"，如图5-4所示。

② 新建一个图层，使用　□　(矩形工具)绘制一个"橘色"矩形，如图5-5所示。

图5-4　新建文档并填充背景色

③ 使用 <img_1/> (多边形套索工具)，绘制一个封闭的选区，效果如图5-6所示。

图5-5　新建图层并绘制矩形　　　　　　　　图5-6　绘制封闭选区

④ 单击"图层"面板中的"创建新的填充或调整图层"按钮 ，在弹出的菜单中选择"亮度/对比度"命令，在"亮度/对比度"属性面板中设置"亮度"为83、"对比度"为0、单击"此调整剪切到此图层(单击可剪切到图层)"按钮 ，在"亮度/对比度"属性面板中单击"蒙版"按钮 ，之后调整"密度"为100%、"羽化"为112.7像素，如图5-7所示。

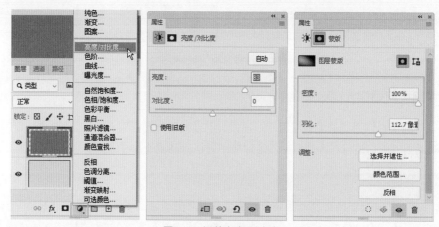

图5-7　调整亮度/对比度

⑤ 调整后的效果，如图5-8所示。

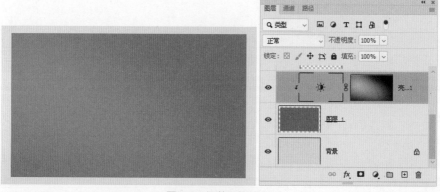

图5-8　调整后的效果

⑥ 执行菜单"文件/打开"命令，或按Ctrl+O键，打开"穿衣奶牛"素材，使用 (移动工具)将素材中的图像拖曳至新建文档中，复制2个素材图像副本后，将其分别调整到不同位置，执行菜单"图层"/"创建剪贴蒙版"命令，为图层创建剪贴蒙版，效果如图5-9所示。

图5-9 创建剪贴蒙版

⑦ 使用 ⊕ (移动工具)，再次拖曳素材中的图像到新建文档中，调整大小后设置"不透明度"为5%，效果如图5-10所示。

图5-10 移入并调整素材

⑧ 执行菜单"文件/打开"命令，或按Ctrl+O键，打开"图标"素材，使用 ⊕ (移动工具)将其拖曳至新建文档中，调整其位置和大小，效果如图5-11所示。

图5-11 移入并调整图标

⑨ 图像区域制作完成后，使用文字工具分别输入黑色和白色的文本，将文本进行排版，至此广告区制作完毕，效果如图5-12所示。

图5-12 广告区最终效果

课堂案例　**商品色彩展示区设计**

　　详情页中的色彩展示区，主要是为买家详细介绍商品的不同颜色，具体制作步骤如下。

扫码看视频

① 启动Photoshop软件，执行菜单"文件"/"新建"命令，新建一个"宽度"为750像素，"高度"为800像素，"分辨率"为72像素/英寸的空白文档，使用 ⊕(移动工具)将"广告区"文档的背景部分拖曳至新建的文档中，调整其大小和位置，效果如图5-13所示。

图5-13　新建文档并移入图像

② 使用 ◯(椭圆选框工具)绘制一个正圆选区，打开附带资源中的"穿衣奶牛"素材，按Ctrl+A键全选图像，再按Ctrl+C键拷贝选区内容，返回到新建的文档中，执行菜单"编辑"/"选择性粘贴"/"贴入"命令，创建"图层4"。按Ctrl+T键调出变换框，拖动控制点调整素材图像大小，效果如图5-14所示。

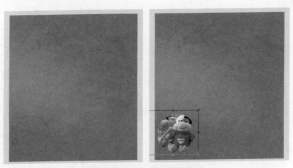

图5-14　贴入并调整素材

③ 新建"图层5"，使用 ◯(椭圆选框工具)绘制一个正圆选区，执行菜单"编辑"/"描边"命令，打开"描边"对话框，其中的参数值设置如图5-15所示。

图5-15　设置"描边"参数

④ 设置完毕，单击"确定"按钮，按Ctrl+D键取消选区，在"图层"面板中设置"不透明度"
为38%，效果如图5-16所示。

图5-16 设置描边

⑤ 将"图层4"和"图层5"一同选取，复制一个拷贝层，将其向右移动到合适位置，使用 在奶牛的衣服上创建选区，效果如图5-17所示。

图5-17 复制图像并创建选区

⑥ 单击"图层"面板中的"创建新的填充或调整图层"按钮 ![]，在弹出的菜单中选择"色相/饱
和度"命令，在"色相/饱和度"属性面板中设置色相参数，效果如图5-18所示。

⑦ 使用同样的方法，制作另外几件奶牛衣服的颜色，效果如图5-19所示。

图5-18 调整色相　　　　　　　　　　　图5-19 调整衣服颜色

⑧ 使用 绘制连接线，效果如图5-20所示。

⑨ 复制半透明圆环并移动到上方，新建一个图层，使用 □(矩形工具)绘制白色矩形，如图5-21所示。

图5-20　绘制连接线

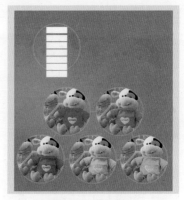

图5-21　绘制矩形

⑩ 在白色矩形底部新建一个图层，使用 ∨(多边形套索工具)绘制选区后将其填充土灰色，效果如图5-22所示。

⑪ 按Ctrl+D键取消选区，使用 T(横排文字工具)输入需要的文字，如图5-23所示。

图5-22　绘制选区并填充

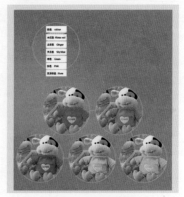

图5-23　输入文字

⑫ 再次复制半透明圆环，将副本拖曳至文档右侧，使用 T(横排文字工具)输入需要的文字，移入"花纹"素材，如图5-24所示。

⑬ 新建一个图层，使用 □(矩形工具)绘制一个青色圆角矩形，为圆角矩形添加一个白色的描边图层样式，再在"图层"面板中设置"填充"为27%，效果如图5-25所示。

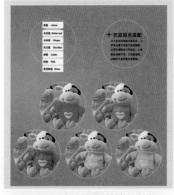

图5-24　复制图形并输入文字

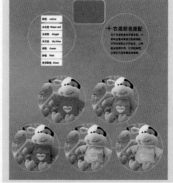

图5-25　绘制并设置圆角矩形

⑭ 使用 T.(横排文字工具)输入一个白色文字，字体设置为毛笔字体，并为其添加一个青色的描边图层样式，至此色彩展示区制作完毕，效果如图5-26所示。

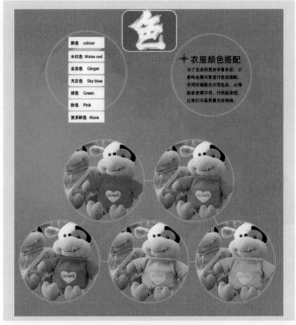

图5-26　色彩展示区最终效果

课堂案例　**商品细节展示区设计**

详情页中的细节展示区，主要向买家详细介绍商品的各个部分，具体制作步骤如下。

扫码看视频

① 启动Photoshop软件，执行菜单"文件"/"新建"命令，新建一个"宽度"为750像素，"高度"为500像素，"分辨率"为72像素/英寸的空白文档。使用 +.(移动工具)将"广告区"文档的背景部分拖曳至新建文档中，并调整大小和位置，效果如图5-27所示。

图5-27　新建文档并移入背景

② 新建图层，使用 □.(矩形工具)绘制一个白色矩形，设置"不透明度"为50%，再使用 □.(矩形选框工具)，在白色矩形上绘制一个矩形选区，如图5-28所示。

121

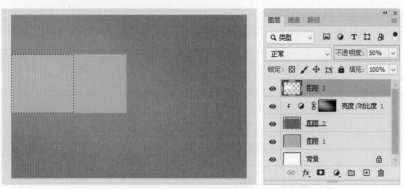

图5-28　绘制矩形和矩形选区

③ 打开"穿衣奶牛"素材，按Ctrl+A键全选整个图像，按Ctrl+C键复制选区内容，返回到新建文档中，执行菜单"编辑"/"选择性粘贴"/"贴入"命令，将刚才复制的内容贴入，调整大小和位置后，效果如图5-29所示。

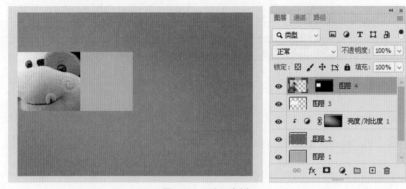

图5-29　贴入素材

④ 使用同样的方法，绘制另外三个矩形并贴入图像，效果如图5-30所示。

⑤ 使用 T.(横排文字工具)输入对应的文字，效果如图5-31所示。

图5-30　贴入图像

图5-31　输入文字

⑥ 新建一个图层，使用 □(矩形工具)绘制一个青色圆角矩形，为圆角矩形添加一个白色的描边图层样式，再在"图层"面板中设置"填充"为27%，使用 T.(横排文字工具)输入一个白色文字，字体设置为毛笔字体，为其添加一个青色的描边图层样式，至此细节展示区制作完毕，效果如图5-32所示。

图5-32 细节展示区最终效果

课堂案例 **特点说明区设计**

详情页中的特点说明区，主要起到让买家了解商品特点的作用，具体制作步骤如下。

扫码看视频

1. 启动Photoshop软件，执行菜单"文件"/"新建"命令，新建一个"宽度"为750像素，"高度"为500像素，"分辨率"为72像素/英寸的空白文档。使用 ✛.(移动工具)将"广告区"文档的背景部分拖曳至新建的文档中，调整大小和位置，打开附带资源中的"说明"素材，将其拖曳至新建文档中，效果如图5-33所示。

2. 执行菜单"图层"/"图层样式"/"创建图层"命令，将投影变成单独的图层，在"图层"面板中单击"添加图层蒙版"按钮 ▣ ，为图层添加图层蒙版，使用 ▣(渐变工具)在图层蒙版中填充"从黑色到白色"的线性渐变色，效果如图5-34所示。

图5-33 新建文档并移入素材图像

图5-34 编辑蒙版

3. 新建一个图层，使用 ▢(矩形工具)绘制一个青色圆角矩形，为圆角矩形添加一个白色的描边图层样式，再在"图层"面板中设置"填充"为27%，使用 T.(横排文字工具)输入一个白色文字，字体设置为毛笔字体，并为其添加一个青色的描边图层样式，至此特点说明区制作完毕，效果如图5-35所示。

图5-35　特点说明区最终效果

课堂案例 **商品说明区设计**

详情页中的商品说明区，主要起到让买家了解商品参数信息的作用，具体制作步骤如下。

扫码看视频

① 启动Photoshop软件，执行菜单"文件"/"新建"命令，新建一个"宽度"为750像素、"高度"为500像素、"分辨率"为72像素/英寸的空白文档。使用⊕.(移动工具)将"广告区"的背景部分拖曳至新建的文档中，并调整大小和位置，打开附带资源中的"地板"素材，将其拖曳至新建文档中，如图5-36所示。

② 执行菜单"图层"/"创建剪贴蒙版"命令，为图层创建剪贴蒙版，效果如图5-37所示。

图5-36　新建文档并移入图像

图5-37　创建剪贴蒙版

③ 新建图层，使用▢.(矩形工具)绘制粉色矩形，再使用╱.(直线工具)绘制粉色直线，效果如图5-38所示。

④ 使用 T.(横排文字工具)输入对应的文字，效果如图5-39所示。

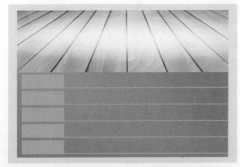

图5-38　绘制矩形和直线

图5-39　输入文字

⑤ 移入"穿衣奶牛"素材，调整其大小和位置，效果如图5-40所示。

图5-40 移入素材

⑥ 执行菜单"图层"/"图层样式"/"投影"命令，打开"图层样式"对话框，设置各个参数后，单击"确定"按钮，效果如图5-41所示。

图5-41 添加投影并设置参数

⑦ 执行菜单"图层"/"图层样式"/"创建图层"命令，将投影变成单独的图层。再在"图层"面板中，单击 (添加图层蒙版)按钮，为图层添加图层蒙版，然后使用 (画笔工具)涂抹黑色，效果如图5-42所示。

图5-42 创建图层编辑蒙版

⑧ 在"图层"面板中新建图层，使用 (多边形套索工具)创建封闭选区，将选区填充"黑色"，效果如图5-43所示。

⑨ 按Ctrl+D键取消选区，执行菜单"滤镜"/"模糊"/"高斯模糊"命令，打开"高斯模糊"对话框，设置"半径"为2像素，设置完毕，单击"确定"按钮，效果如图5-44所示。

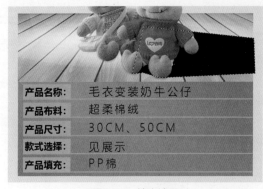

图5-43　填充选区　　　　　　　　　　图5-44　模糊后效果

⑩　在"图层"面板中，单击 ▢ (添加图层蒙版)按钮，为刚创建的图层添加图层蒙版。在图层蒙版中，使用 ▢ (渐变工具)从左向右拖曳鼠标，填充从黑色到白色的线性渐变，再设置其"不透明度"为50%，效果如图5-45所示。

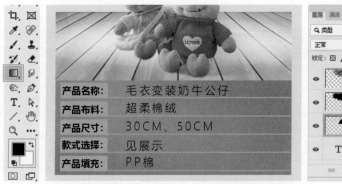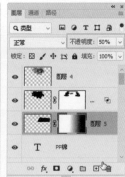

图5-45　编辑蒙版

⑪　使用同样的方法，制作毛绒玩具另一面的影子，至此商品说明区制作完毕，效果如图5-46所示。

图5-46　商品说明区最终效果

课堂案例　购物须知区设计

　　详情页中的购物须知区，主要是让买家了解卖家对店铺出售商品及服务的承诺信息，具体制作步骤如下。

扫码看视频

① 启动Photoshop软件，执行菜单"文件/新建"命令，新建一个"宽度"为750像素，"高度"为225像素，"分辨率"为72像素/英寸的空白文档。将新建文档的背景填充为灰色，在"图层"面板中，新建一个图层，使用▢(矩形工具)在左侧绘制"橘色"矩形，效果如图5-47所示。

图5-47　设置背景

② 在"图层"面板中新建一个图层，使用╱(直线工具)在页面中绘制2像素粗细的白色直线，效果如图5-48所示。

图5-48　绘制直线

③ 使用▭(横排文字工具)输入文字，至此购物须知区制作完毕，效果如图5-49所示。

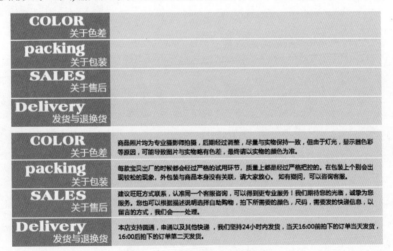

图5-49　购物须知区最终效果

课堂案例　**描述区设计**

　　详情页中的描述区，主要起到让买家了解商品展示内容的作用，具体制作步骤如下。

① 启动Photoshop软件，新建一个"宽度"为750像素，"高度"为100像素，"分辨率"为72像素/英寸的空白文档。然后使用✛(移动工具)将"广告区"的背景部分拖曳至新建文档中，并调整大小和位置，如图5-50所示。

扫码看视频

图5-50　新建文档并移入素材

② 使用 □(矩形工具)在页面中绘制圆角矩形，在属性栏中设置"填充"为"无"、"描边"为"白色"、"描边宽度"为3点、"描边样式"为"虚线"，效果如图5-51所示。

图5-51　绘制圆角矩形

③ 使用 T.(横排文字工具)输入白色文字，效果如图5-52所示。

图5-52　输入文字

④ 使用 T.(横排文字工具)更改文字，分别完成其他描述区，至此商品描述区制作完毕，效果如图5-53所示。

图5-53　商品描述区效果

课堂案例 **合成详情页**

合成详情页是指将之前制作的各个区域合并到一起，这样做是为了在上传商品详情内容时更加方便，在"素材空间"中也更容易查找。合成详情页的具体制作步骤如下。

① 启动Photoshop软件，执行菜单"文件"/"新建"命令，新建一个"宽度"为

扫码看视频

750像素，"高度"为3469像素，"分辨率"为72像素/英寸的空白文档，并设置文档名称为"详情页合成"。

②在Photoshop软件中，打开之前制作的各个区域的文档，如图5-54所示。

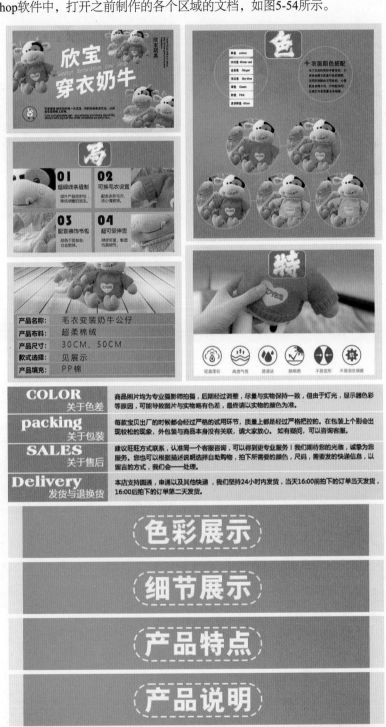

图5-54 打开素材

③ 选择"广告区"文档，执行菜单栏"图层"/"拼合图像"命令，将所有图层合并，如图5-55所示。

④ 使用"移动"工具，将拼合后的图像拖曳至"详情页合成"文档中，效果如图5-56所示。

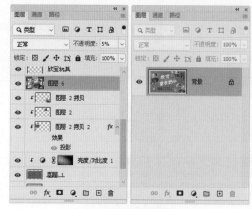

图5-55 拼合图像

图5-56 移入图像

⑤ 将其他的文档都拼合图像后，将图像依次拖曳至"详情页合成"文档中，效果如图5-57所示。

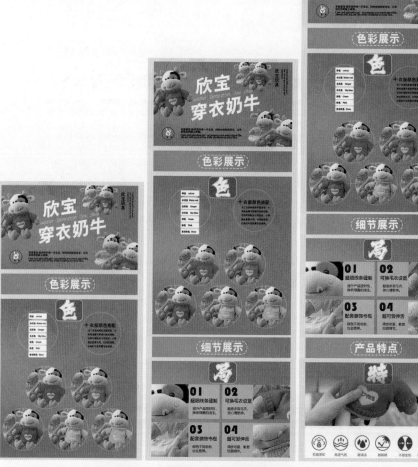

图5-57 合成后效果

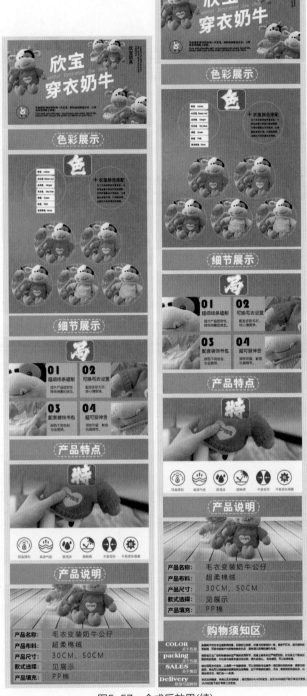

图5-57 合成后效果(续)

第6章

后台图片空间的运用

当网店中各个区域的设计工作完成后，若想将其上传至购物网站后台并展示于前台的网络店铺中，就要借助一个中间环节。这个环节要求对图片进行一系列精心的操作与处理，以确保后台的设计精髓得以准确无误地应用到前台店铺，为顾客呈现出一个既美观又专业的购物环境。

本章以淘宝为例，讲解图片空间的使用方法。淘宝图片空间是淘宝网提供的官方图片存储空间，用来储存淘宝商品图片。它能够有效提升页面和商品图片的加载速度，进而增加买家浏览商品的数量，提高商品的曝光度，并最终促进销售额的增长。

淘宝图片空间具有如下特色：

- 淘宝官方图片存储空间；
- 开店即永久享受免费1G图片空间；
- 高速上传功能，可以非常方便地上传本地图片；
- 在线一键搬家功能，搬家后商品描述中的图片自动替换；
- 图片空间过期，商品图片仍可显示；
- 原图存储，提供多种尺寸的缩略图；
- 全国各大城市辅设服务器，商品图片就近存放；
- 多重数据备份，保证灾后恢复，减少损失；
- 批量外链，不限流量；
- 商品图片可自动批量添加水印。

— 提 示 —

"图片空间"中的图片只允许链接到淘宝，其他的网站不能链接；图片的使用店铺不能超过3个，超过会显示盗链；图片空间的大小根据用户购买大小来确定，图片的总存储量不能超过购买空间的限制；收费的淘宝图片空间到期后，无法继续上传新的图片。

6.1 进入"图片空间"

　　"图片空间"在网店运营中起到承上启下的作用，在网店运营与维护方面具有至关重要的作用。本节介绍进入淘宝后台"图片空间"的操作方法。

① 登录淘宝首页，单击右上角的"千牛卖家中心"命令，如图6-1所示。

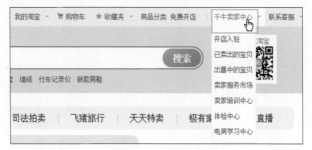

图6-1　淘宝首页

② 进入"千牛商家工作台"后，单击左侧菜单中"商品"/"图片空间"选项，如图6-2所示。

图6-2　选择"图片空间"

③ 单击"图片空间"选项后，系统会直接跳转到存放素材的图片空间中，如图6-3所示。

图6-3　进入图片空间

6.2　编辑"图片空间"

　　如果不对"图片空间"进行编辑整理，里面的图片会显得杂乱无章。因此，我们需要对当前的空间内容进行细致的编辑和管理，以便使图片空间的使用更加便捷高效，如新建文件夹、上传图片、删除文件夹等操作。

6.2.1　新建文件夹管理图片

　　为了使"图片空间"更加整齐，可以为不同类别的图片建立文件夹，这样在应用图片时就会非常顺手。新建文件夹的具体操作如下。

① 在"图片空间"中，单击"新建文件夹"按钮，如图6-4所示。

扫码看视频

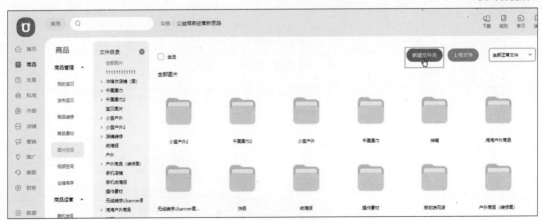

图6-4　选择新建文件夹

⎯ 技 巧 ⎯

在"图片空间"中新建文件夹，还可以通过单击"文件目录"右侧的"+"图标，来创建新文件夹，如图6-5所示。

② 单击"新建文件夹"按钮后，系统弹出"新建文件夹"对话框，输入新建文件夹的名称，如图6-6所示。

图6-5　新建文件夹

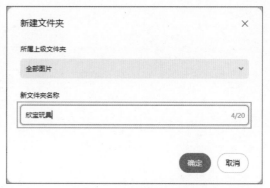

图6-6　为新建文件夹命名

③ 设置完毕，单击"确定"按钮，此时在"图片空间"中会显示新建的文件夹，如图6-7所示。

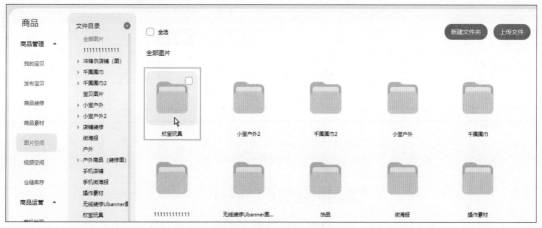

图6-7　显示新建文件夹

④ 在文件夹名称上单击鼠标，在弹出的"重命名"对话框中可以更改文件夹的名称，如图6-8所示。

图6-8　重命名文件夹

选择文件夹后，它的右上角会弹出工具栏，在工具栏中单击"重命名"按钮，也可以为文件夹重新命名，如图6-9所示。

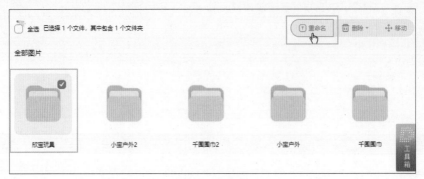

图6-9　工具栏

"图片空间"中的文件夹名称不能超过20个字符，一个汉字相当于2个字符。

⑤　双击文件夹，可以进入文件夹内部，如图6-10所示。

图6-10　进入文件夹

⑥　在文件夹中还可以创建子文件夹，效果如图6-11所示。

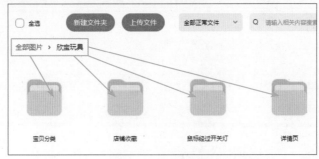

图6-11　新建子文件夹

6.2.2　删除文件夹

在"图片空间"中，可能会累积许多以往装修店铺过程中所使用的文件夹和图片素材，若不再需要这些资源，应及时清理。删除文件夹的具体操作如下。

①　在"图片空间"中，选择要删除的文件夹，在弹出的工具栏中单击"删除"按钮，在下拉菜单中可以看到三个删除命令，如图6-12所示。

扫码看视频

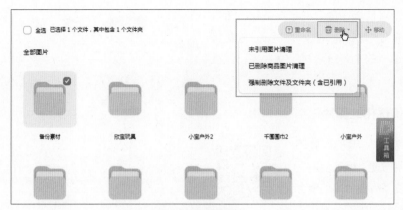

图6-12　删除命令

② 分别选择"未引用图片清理""已删除商品图片清理"和"强制删除文件和文件夹"命令，系统会弹出对应的提示对话框，如图6-13所示。

图6-13　提示对话框

— 技 巧 —

　　"未引用图片清理"命令，可以将没有在网店中使用的图片直接删除；"已删除商品图片清理"命令，可以将已经在网店中不再使用的图片删除；"强制删除文件和文件夹"命令，可以将整个文件夹删除，其中的引用与未引用图片都会被删除。删除文件夹后，文件夹内的图片会出现在"图片回收站"中，可以存放7天，7天内可以在"图片回收站"中将其还原，如图6-14所示。

图6-14　图片回收站

137

③ 单击提示对话框中的"确定"按钮，可以将选择的文件删除，如图6-15所示。这里可以看到选择的"备份素材"文件夹已经被删除。

6.2.3 上传优化的图片

"图片空间"用于存放网店图片，使用方便。但在使用之前，我们需要了解图片是如何上传到"图片空间"中的，具体的上传方法如下。

扫码看视频

图6-15 删除文件夹后

① 在"图片空间"中，进入"欣宝玩具"文件夹内的"首屏装修图"文件夹中，单击"上传文件"按钮，如图6-16所示。

图6-16 单击"上传文件"按钮

② 单击"上传图片"按钮后，系统弹出"上传素材"对话框，直接单击"上传"按钮，如图6-17所示。

图6-17 上传图片

③ 单击"上传"按钮后，弹出"打开"对话框，选择需要上传的图片，如图6-18所示。

图6-18　选择图片

④ 单击"打开"按钮，弹出"上传结果"对话框，可以查看上传结果，如图6-19所示。

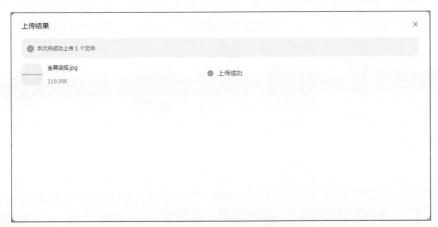

图6-19　查看上传结果

提　示

上传到"图片空间"的图片要小于3MB。

⑤ 上传完毕，会在"全部图片/欣宝玩具/首屏装修图"文件夹中看到上传的图片，如图6-20所示。

图6-20　查看上传的图片

⎯ 技 巧 ⎯

在"图片空间"中可以一次上传多张图片，这样更便于操作并节省时间，如图6-21所示。

图6-21　上传多张图片

6.2.4　图片搬家

在"图片空间"界面中，可以通过单击"移动"按钮将当前选中的图片转移到其他文件夹中，具体的转移方法如下。

扫码看视频

① 在"图片空间"中选择5张图片，在弹出的工具栏中单击"移动"按钮，如图6-22所示。

图6-22　单击"移动"按钮

② 单击"移动"按钮后，系统弹出"移动至"对话框，选择要移动到的"商品宝贝"目标文件夹，如图6-23所示。

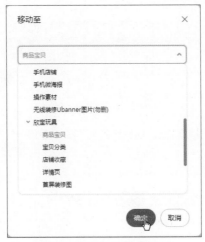

图6-23 选择移动图标文件夹

③ 单击"确定"按钮后，可以在"商品宝贝"文件夹中看到移动后的图片，如图6-24所示。

图6-24 查看移动后的图片

6.2.5 恢复删除的图片

如果不小心删除了需要的图片，我们还可以在"图片空间"界面中将误删的图片恢复，具体的恢复方法如下。

① 在"图片空间"界面中选择一张图片，在弹出的工具栏中单击"删除"按钮，如图6-25所示。

扫码看视频

图6-25 单击"删除"按钮

② 单击"删除"按钮后，系统弹出删除文件警告对话框，如图6-26所示。

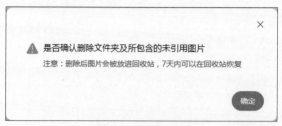

图6-26　警告对话框

③ 单击"确定"按钮，会将图片删除，如图6-27所示。此时单击"图片空间"中的"回收站"按钮，可以查看删除的图片。

图6-27　删除图片

④ 进入"回收站"页面，在其中便可以看到被删除的图片，要想恢复被删除的图片，只要选择该图片，在工具栏中单击"还原"按钮即可，如图6-28所示。

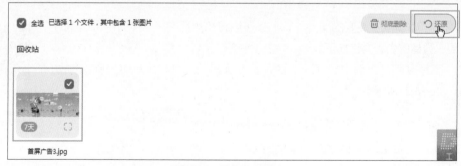

图6-28　选择还原图片

⑤ 单击"还原"按钮，系统会把删除的图片恢复到图片空间中，"回收站"中将不会再显示此图片，如图6-29所示。

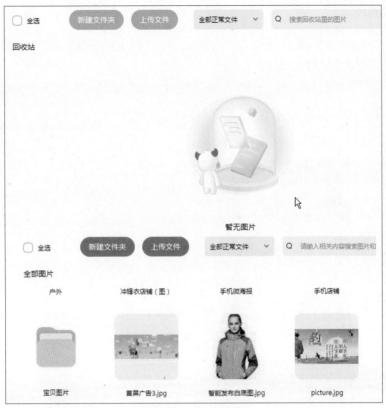

图6-29 还原图片后

6.2.6 全选图片

在"图片空间"界面中，选中"全选"复选框，可以将"图片空间"界面中当前页面的文件夹和图片全部选取，如图6-30所示。

图6-30 全选图片

6.2.7　编辑图片

在图像空间界面中，编辑图片的功能十分强大，允许用户进行重新命名、自由裁剪、翻转及旋转等多种操作，具体的编辑方法如下。

① 在"图片空间"中选择图片后，单击工具栏中的"编辑"按钮，打开"编辑图片"对话框，如图6-31所示。

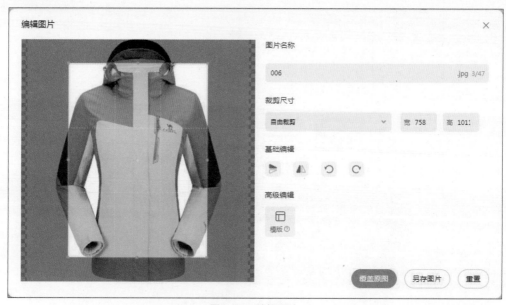

图6-31　编辑图片

② 单击"模板"按钮，可以在免费提供的模板中选择一个喜欢的模板，单击"开始制作"按钮，如图6-32所示。

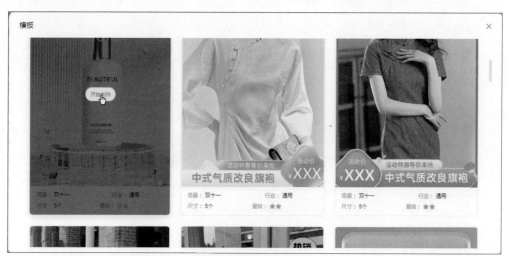

图6-32　选择模板

③ 选择合适的图片尺寸后，单击"直接进入编辑器"按钮，如图6-33所示。

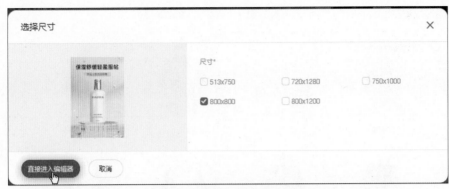

图6-33 选择尺寸后进入编辑器

④ 进入编辑器后，在模板中更改文本内容，编辑完成后，单击"生成创意"按钮，如图6-34所示。

图6-34 编辑文本

⑤ 回到"编辑图片"对话框中，再单击"另存图片"按钮，如图6-35所示。

图6-35 另存图片

⑥ 此时，会在之前选取的图片所在位置出现一个副本，如图6-36所示。

图6-36　完成编辑

6.2.8　设置水印

在"图片空间"中，可以为商品图片批量添加文字水印或图片水印，具体操作方法如下。

① 在"图片空间"中单击"上传文件"按钮，在打开的"上传素材"对话框中，单击"添加水印设置"按钮，如图6-37所示。

扫码看视频

图6-37　单击"添加水印设置"按钮

② 单击"添加水印设置"按钮命令后，系统弹出"水印设置"对话框，默认显示"文字水印"标签页，在其中可以设置要添加的水印文字、字体、字号、透明度、文字颜色及位置，如图6-38所示。

③ 单击"图片水印"标签，进入设置图片水印区域，单击"上传图片"按钮，如图6-39所示。

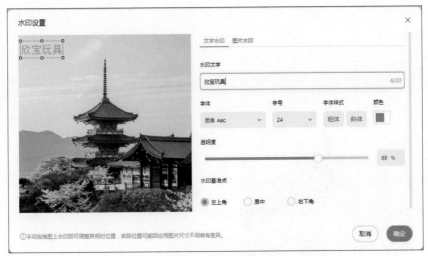

图6-38 设置文字水印

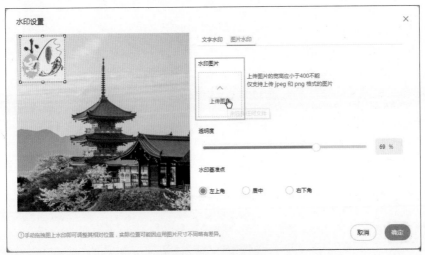

图6-39 上传水印图片

④ 单击"上传"按钮，弹出"打开"对话框，在其中选择要作为水印的"欣宝玩具"图片，如图6-40所示。

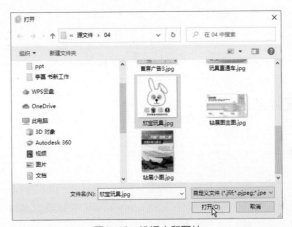

图6-40 选择水印图片

⑤ 设置完毕，单击"确定"按钮，此时可以在"水印设置"对话框中，设置图片的透明度和位置等，如图6-41所示。

图6-41　设置水印图片

⑥ 设置完毕，单击"确定"按钮，完成添加水印设置。在上传图片时，只要将"添加水印设置"复选框选中，即可为上传的图片添加设置完成的水印，如图6-42所示。

图6-42　为上传图片添加水印

6.3　复制和粘贴图片链接

6.3.1　复制图片链接

图片空间中的图片，可以通过复制图片链接的方式，将其应用到第三方软件中，利用这个链接来替换软件中当前还在编辑的图片。例如，在 Dreamweaver 中编辑的图片，就可以使用复制图片链接的方式将其替换掉。选择图片后，在图片下面单击（复制链接)按钮，即可复制图片链接，如

图6-43所示。复制成功时，会弹出"图片链接复制成功"的字样。

图6-43　复制图片链接

　　在图片下面除了▣(复制链接)按钮，还有▣(复制图片)按钮和▣(复制代码)按钮。▣(复制链接)是直接复制当前图片的链接地址，再通过"粘贴"命令将链接地址粘贴至所需位置；▣(复制图片)可以直接复制图片空间中的图片，再通过"粘贴"命令或按 Ctrl+V键，直接将图片复制到第三方软件或淘宝后台中；▣(复制代码)是将当前图片的代码进行复制，再将其粘贴到淘宝的代码区，与整体代码相呼应。

6.3.2　将链接粘贴到代码区

　　复制链接成功后，进入Dreamweaver的"代码"区，将图片的地址替换成"图片空间"中的图片链接地址，如图6-44所示。

```
1   <!doctype html>
2 ▼ <html>
3 ▼ <head>
4   <meta charset="utf-8">
5   <title>无标题文档</title>
6   </head>
7
8 ▼ <body>
9 ▼ <table width="1920" border="0" cellspacing="0" cellpadding="0">
10 ▼   <tbody>
11 ▼     <tr>
12        <td><img src="file:///E|/ 根目录/书新工作/源文件/04/首屏广告2.jpg"
          width="1920" height="700" alt=""/></td>      选择
13        </tr>
14      </tbody>
15   </table>
16   </body>
17   </html>
```

```
1   <!doctype html>
2 ▼ <html>
3 ▼ <head>
4   <meta charset="utf-8">
5   <title>无标题文档</title>
6   </head>
7
8 ▼ <body>
9 ▼ <table width="1920" border="0" cellspacing="0" cellpadding="0">
10 ▼   <tbody>
11 ▼     <tr>
12        <td><img
          src="https://img.alicdn.com/imgextra/i2/656610732/O1CN01kcPKNH1HHInhbMEDR_!!6
          56610732.jpg" width="1920" height="700" alt=""/></td>
13        </tr>
14      </tbody>            替换
15   </table>
16   </body>
17   </html>
```

图6-44　粘贴链接

　　如果在图片空间中成功复制代码，则可进入Dreamweaver的"代码"区，替换整个图片的代码，如图6-45所示。

复制图片代码

首屏广告2.jpg

```
 1   <!doctype html>
 2 ▼ <html>
 3 ▼ <head>
 4   <meta charset="utf-8">
 5   <title>无标题文档</title>
 6   </head>
 7
 8 ▼ <body>
 9 ▼ <table width="1920" border="0" cellspacing="0" cellpadding="0">
10 ▼   <tbody>
11 ▼     <tr>
12 ▼       <td><img src="file:///E|/ 根目录/书新工作/源文件/04/首屏广告2.jpg"
             width="1920" height="700" alt=""/></td>
13           </tr>
14       </tbody>
15   </table>
16   </body>
17   </html>
```

选择

```
 1   <!doctype html>
 2 ▼ <html>
 3 ▼ <head>
 4   <meta charset="utf-8">
 5   <title>无标题文档</title>
 6   </head>
 7
 8 ▼ <body>
 9 ▼ <table width="1920" border="0" cellspacing="0" cellpadding="0">
10 ▼   <tbody>
11 ▼     <tr>
12         <td> <img
             src='https://img.alicdn.com/imgextra/i2/656610732/O1CN01kcPKNH1HHInhbMEDR_!!6
             56610732.jpg' alt='首屏广告2.jpg' /></td>
13           </tr>
14       </tbody>
15   </table>
16   </body>
17   </html>
```

替换

图6-45　粘贴代码

第7章

07

移动端视觉设计

在现代社会，人们的生活节奏日益加快，时间成为最宝贵的资源。随着工作与生活压力的增大，传统的购物方式已难以满足人们高效生活的需求。因此，移动端购物应运而生，并迅速成为大众的首选。它以其便捷性、即时性和随时随地可访问的特点，极大地节省了人们的时间和精力。无论是在通勤路上，还是工作间隙，只需轻轻一点，即可完成从浏览到购买的全过程，完美契合了现代人快节奏的生活方式。

面对这一趋势，商家必须重视移动端的视觉设计，以提升用户体验和转化率。在移动端，屏幕空间有限，信息展示需更加精炼且直观。商家需采用简洁明了的布局，确保关键信息一目了然。同时，色彩搭配和字体选择也需符合用户审美，营造舒适的浏览环境。此外，通过动态效果和交互设计，增强用户的参与感和沉浸感，也是提升移动端购物体验的重要手段。

本章将以淘宝为例，深入讲解移动端视觉设计的核心知识。淘宝作为国内电商巨头，其移动端设计在用户体验和转化率方面有着卓越的表现。通过分析淘宝的设计策略，我们可以更好地把握移动端视觉设计的精髓，为商家提供有价值的参考。

▶▶ 7.1 手机淘宝店铺设计原理

手机淘宝作为网店针对移动端买家的展现平台，已经发展成为电商领域的重要力量。随着移动设备的不断完善和便捷性提升，手机淘宝迅速抢占市场，其用户规模和销售额持续攀升。特别是在2017年，手机淘宝的销售额已经超越了电脑端，标志着移动端电商的全面崛起。如今，手机淘宝已经成为商家不可忽视的重要销售渠道，其移动端视觉设计也愈发重要，对于提升用户体验和转化率具有至关重要的作用。

7.1.1 手机端与电脑端的区别

手机端主要指的是在手机、平板电脑等移动设备上使用的客户端软件。由于移动设备屏幕相对较小，为了优化用户的浏览体验，手机端显示的内容通常会比电脑端更为精简。这样的设计不仅缩短了手机加载的时间，还确保了用户在移动设备上能够快速获取所需信息。此外，考虑到手机屏幕的局限性，移动端界面中的广告数量也相对较少，以避免过多干扰用户的视觉体验及影响手机的运行速度。

电脑端(PC端)则是在电脑上使用的客户端软件。由于电脑屏幕较大，能够展示更多的内容，包括详细的商品描述、多张图片展示及丰富的促销活动等。这使得电脑端在展示商品方面具有更大的优势，用户可以在电脑上获得更为全面的购物信息。然而，电脑端也存在一些局限性，如不便携、需要固定场所使用等。

手机端与电脑端在使用体验上存在显著的差异，而手机端以其独特的便捷性成为现代人的首选。手机端的优势主要体现在以下几个方面：首先，手机端具有高度的便携性，用户可以随时随地进行购物，打破了时间和空间的限制；其次，手机端界面简洁明了，用户能够快速找到所需商品，提高了购物效率；最后，随着移动支付技术的发展，手机端购物变得更加安全便捷，用户无须携带现金即可完成交易。这些优势使得手机端在电商领域具有巨大的发展潜力。

7.1.2　手机端店铺设计要点

在移动端开设网店，已成为商家拓展销售渠道、吸引年轻消费群体的必然选择。对于商家而言，开设一个属于自己风格的移动端淘宝店铺，是展现品牌形象、提升品牌认知度的重要途径。而店铺的装修设计，则是吸引买家眼球、激发购买欲望的关键。一个精心设计的手机端淘宝店铺，不仅能够方便买家随时随地进行购买，还能让买家在浏览过程中感受到品牌的独特魅力，从而增强对品牌的忠诚度。

手机端店铺的设计要点包含如下几个方面。

1. 内容主题的精准把握

在手机端淘宝店铺的设计中，商家需要确保店铺的文字描述既简洁明了，又能准确传达商品的特点和优势，让买家在浏览过程中一目了然，迅速了解商品信息。同时，图像的选择也至关重要，清晰美观的图片能够直观展示商品的外观、质地等细节，进一步提升买家的购买欲望。通过精准的内容主题设计，商家能够在众多竞争对手中脱颖而出，吸引更多潜在买家的关注。

2. 视觉元素的巧妙运用

在手机端淘宝店铺设计过程中，商家需要注重配色方案的选择，通过运用符合品牌调性的色彩搭配，营造出既美观又符合用户审美的移动端购物环境。同时，页面整体风格的营造也不容忽视，商家可以运用各种视觉元素，如图标、按钮、背景等，打造独特的品牌风格，增强买家的品牌认同感。通过巧妙的视觉元素设计，商家能够提升店铺的吸引力，让买家在享受购物乐趣的同时，感受到品牌的独特魅力。

3. 页面布局的合理性

在页面布局方面，商家需要关注信息架构和导航设计的合理性。一个合理的页面布局能够让买家快速找到所需商品，提高购物效率。商家可以通过分类、标签等方式对商品进行有序排列，同时设置清晰的导航菜单，引导买家快速浏览和筛选商品。此外，商家还需要注意页面元素的排版和间距，避免过于拥挤或空旷的布局，确保页面整体美观且易于阅读。通过合理的页面布局设计，能够提升买家的购物体验，增加店铺的转化率。

4. 关注移动端设备的特性

在手机端淘宝店铺的设计中，商家还需要特别关注移动端设备的特性，如屏幕尺寸、分辨率等。不同设备之间的显示效果可能存在差异，因此商家需要确保店铺在不同设备上的显示效果都能达到最佳状态。这要求商家在设计和测试过程中，充分考虑各种设备的兼容性和适配性，确保店铺在各种设备上都能呈现出良好的视觉效果。

7.2　手机淘宝店铺视觉设计

7.2.1　手机淘宝后台设置

在手机淘宝的各个元素设计并制作完成后，接下来需要将它们应用到手机淘宝店铺中。在应用之前，我们要先了解如何进入手机淘宝网店的后台管理系统，具体步骤如下。

扫码看视频

① 登录淘宝后，单击菜单中"千牛卖家中心"命令，进入后台"卖家中心"界面，可以执行左侧菜单中"店铺/手机店铺装修"命令，如图7-1所示。

图7-1　选择"手机店铺装修"命令

② 选择"手机店铺装修"后，在右侧单击"推荐(首页)/系统默认首页"后面的"装修页面"，如图7-2所示。

153

图7-2　手机淘宝店铺后台

③ 执行"装修页面"命令后，进入手机淘宝店铺首页装修后台，如图7-3所示。

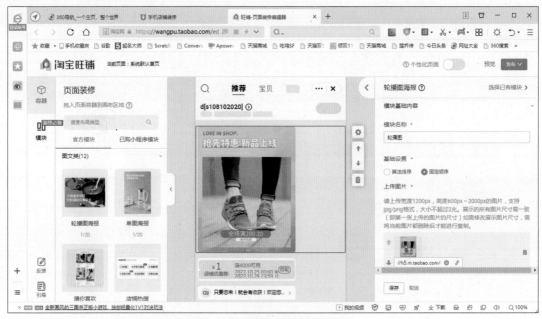

图7-3　手机淘宝店铺首页装修后台

7.2.2　手机淘宝容器设置

淘宝新版本中定义了一个名为"容器"的内容元素，它可用于在手机淘宝装修过程中放置图片、商品图片及视频等各类内容。

1. 图文类

"容器"中的"图文类"模块，可以起到美化页面的作用，实现视觉营销的效果。"图文类"模块主要由几大功能组成，包括轮播图海报、单图海报、猜你喜欢、店铺热搜、文字标题、多热区切图、淘宝群聊入口模块、人群海报等。

课堂案例　**插入轮播图海报**

　　在手机店铺装修过程中，对于轮播图海报的规格要求：上传宽度1200px，高度600～2000px的图片，支持jpg/png格式，且文件大小不超过2MB。所有展示的图片尺寸需保持一致(即以第一张上传的图片尺寸为标准)，如需修改展示图片的尺寸，需先删除当前所有图片，之后方可重新上传并设置。在手机淘宝中可以插入20个轮播图海报，具体应用方法如下。

①　进入"淘宝旺铺"/"页面装修"页面，选择左侧的"容器"标签，展开"图文类"收缩框，使用鼠标拖曳"轮播图海报"到右侧的编辑预览区中，此时会在编辑器中出现"轮播图海报"模块，如图7-4所示。

扫码看视频

图7-4　添加"轮播图海报"模块

②　单击"轮播图海报"框架，在右侧的编辑区，首先设置模块名称"轮播图"，在下方的"+"后面单击"智能作图"按钮，如图7-5所示。

图7-5　设置模块名称并作图

如果事先已经制作好了轮播图，可以直接单击"上传图片"按钮，将其上传就可以了。对于新手来说，制作轮播图是一件比较困难的事情，此时可以通过"智能作图"功能，快速制作轮播图。

③ 单击"智能作图"按钮，打开"海报图"对话框，单击"上传图片"按钮，如图7-6所示。

图7-6　上传海报图片

④ 在"上传图片"页面，单击"选择图片空间图片"，在打开的对话框中选择一张毛绒玩具图片，然后单击"确认"按钮，如图7-7所示。

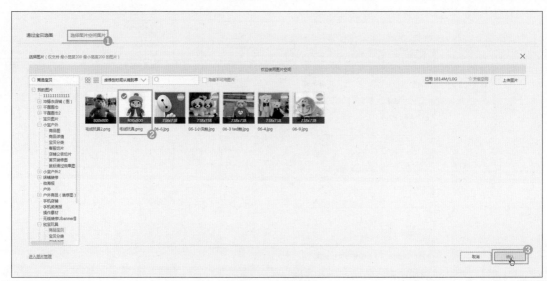

图7-7　选择图片

⑤　在打开的"海报图"对话框中，单击"立即生成"按钮，如图7-8所示。

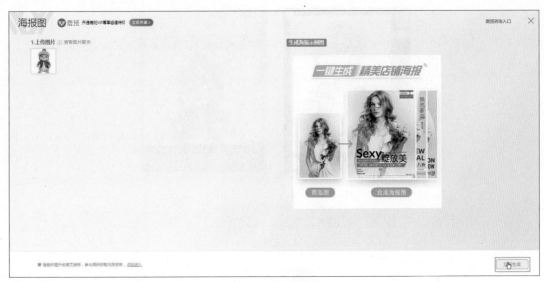

图7-8　生成海报

⑥　在生成的图片中选择一个自己喜欢的效果，单击"保存"按钮，如图7-9所示。

图7-9　选择图片效果

— 技 巧 —

　　在"海报图"对话框中选择的图片内容，如果不符合当前的装修要求，只要将鼠标移到选择的图片上面，单击下面的"编辑"按钮，进入编辑状态，此时可以对图片、文字等进一步编辑，如图7-10所示。

图7-10　编辑图片

⑦　单击"保存"按钮后，为其设置一个链接，如图7-11所示。

图7-11　设置链接

— 提 示 —

在轮播图中为图片设置链接后，可以直接通过单击的方式快速跳转到该链接对应的位置。

⑧ 单击"确定"按钮，完成链接的设置。单击"添加"按钮，为此模块再添加一个设置图片的位置，如图7-12所示。

图7-12 添加设置图片的位置

— 提 示 —

在一个轮播图海报模块中，最多可以放置4张图片。

⑨ 使用与制作第一张图片一样的方法，制作另外两张图片效果，如图7-13所示。

图7-13 制作图片效果

⑩ 单击"保存"按钮，完成"轮播图海报"的制作，如图7-14所示。

图7-14　完成轮播图海报

课堂案例　插入单图海报

单图海报不仅可以更好地展现出商品本身，还可以通过对图片进行相应的加工达到商品引流的目的。制作海报的图片可以是之前设计好的，也可以是通过"智能作图"快速制作的。

扫码看视频

在手机端淘宝店铺中，单图海报模块的规格要求为：上传宽度1200px，高度120～2000px的图片，支持jpg/png格式，且文件大小不超过2MB。在手机淘宝中可以插入20个单图海报，具体应用方法如下。

① 进入"淘宝旺铺"/"页面装修"页面，选择左侧的"容器"标签，展开"图文类"收缩框，使用鼠标拖曳"单图海报"到右侧的编辑器中，此时编辑器中会出现"单图海报"模块，如图7-15所示。

图7-15　添加"单图海报"模块

② 单击"单图海报"模块，在右侧的编辑区，首先设置模块名称"单图海报"，在"上传图片"
区域单击"智能作图"按钮，如图7-16所示。

图7-16　设置模块名称并作图

③ 单击"智能作图"按钮，打开"海报图"对话框，单击"上传图片"按钮，如图7-17所示。

图7-17　上传海报图

④ 在"上传图片"页面，单击"选择图片空间图片"，在打开的对话框中选择一张毛绒玩具图片，然后单击"确认"按钮，如图7-18所示。

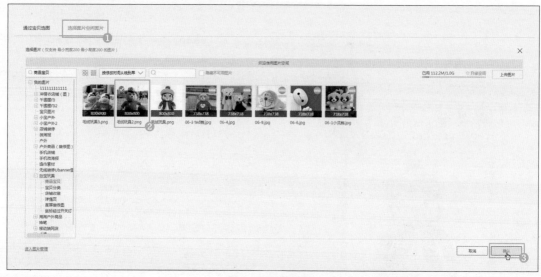

图7-18　选择图片

⑤ 在打开的"海报图"对话框中，单击"立即生成"按钮，如图7-19所示。

图7-19　生成海报

⑥ 在生成的图片中选择一个自己喜欢的效果，单击该图片下面的"编辑"按钮，进入编辑状态，此时可以对其进行文字、图像的进一步编辑，如图7-20所示。

⑦ 单击"保存"按钮完成智能作图，返回"单图海报"的编辑界面，在"二级承接页"区域处选中"微详情页(MiniDetail页)"单选按钮，单击"添加商品"按钮，如图7-21所示。

图7-20 编辑图片

图7-21 设置二级承接页

⑧ 单击"添加商品"按钮后，在进入的"选择商品"对话框中，选择两张商品图片，如图7-22所示。

图7-22　选择商品图片

⑨ 单击"确定"按钮，在"智能展现设置"区域，选中"智能分配"单选按钮，单击"保存"按钮，如图7-23所示。

⑩ 设置完毕，完成"单图海报"的应用，效果如图7-24所示。

图7-23　选中"智能分配"单选按钮

图7-24　应用单图海报

课堂案例 **添加猜你喜欢功能**

　　"图文类"下的"猜你喜欢"模块，能够自动展示商品。该模块中的商品由系统根据算法自动展现，无须编辑，具体应用方法如下。

进入"淘宝旺铺"/"页面装修"页面，选择左侧的"容器"标签，展开"图文类"收缩框，使用鼠标拖曳"猜你喜欢"到中间的编辑器中，此时编辑器中会出现"猜你喜欢"模块，在右侧的模块编辑区中设置模块名称，单击"保存"按钮，完成"猜你喜欢"模块的创建，如图7-25所示。

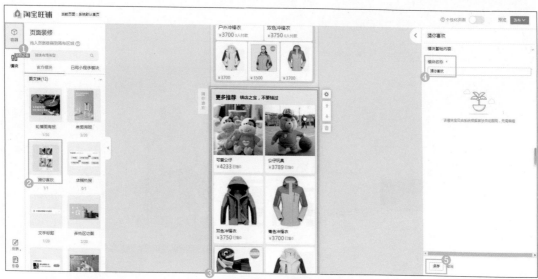

图7-25　创建"猜你喜欢"模块

课堂案例　**添加店铺热搜功能**

"图文类"下的"店铺热搜"模块，可以帮助买家查找自己喜欢的商品，看看哪个商品最近热度较高、搜索的人比较多。该功能的好处是方便用户对商品一目了然，店家更容易抓取关键词。该模块中商品由系统根据算法自动展现，无须编辑，具体应用方法如下。

进入"淘宝旺铺"/"页面装修"页面中，选择左侧的"容器"标签，展开"图文类"收缩框，使用鼠标拖曳"店铺热搜"到中间的编辑器中，此时编辑器中会出现"店铺热搜"模块，在右侧的模块编辑区中设置模块名称，单击"保存"按钮，完成"店铺热搜"模块的创建，如图7-26所示。

图7-26　创建"店铺热搜"模块

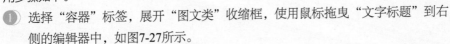

"图文类"下的"文字标题"模块，常用来悬挂店铺公告或活动说明，具体的应用步骤如下。

扫码看视频

① 选择"容器"标签，展开"图文类"收缩框，使用鼠标拖曳"文字标题"到右侧的编辑器中，如图7-27所示。

图7-27　添加"文字标题"模块

② 在弹出的"文字标题"编辑区，设置"模块名称"，在"标题"文本框中输入文字标题。我们还可以为文字标题添加对应的链接，单击下方的链接图标，在弹出的"添加链接"对话框中设置标题的链接，如图7-28所示。

图7-28　输入文本并设置链接

③ 设置完毕，单击"确定"按钮，再单击"保存"按钮，完成文字标题的创建，如图7-29所示。

图7-29　创建的文字标题

课堂案例　**插入多热区切图**

　　在"多热区切图"模块中，可以在插入的图片的任何区域添加链接，还可以通过"智能作图"的方式选择多张图片，将它们都放置到此区域，然后分别创建链接。

　　下面以插入一张图片并添加多个链接为案例进行讲解，上传的图片宽度为1200px，高度为120px～2000px，支持jpg/png格式，大小不超过2M。具体的操作步骤如下。

扫码看视频

① 在"系统默认首页"页面，选择左侧的"容器"标签，展开"图文类"收缩框，使用鼠标拖曳"多热区切图"到"编辑器"中，在右侧的"多热区切图"模块编辑区单击"上传图片"按钮，如图7-30所示。

图7-30　添加"多热区切图"模块

② 在"选择图片"对话框中，选择需要的图片，如图7-31所示。

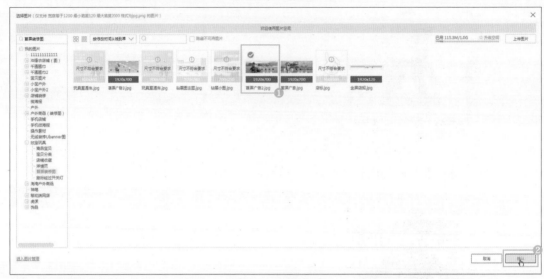

图7-31 选择图片

③ 单击"确认"按钮，进入裁剪图片区域，调整好裁剪框后，直接单击"保存"按钮，如图7-32 所示。

图7-32 裁剪图片

④ 单击"多热区切图"编辑区中的"添加热区"按钮，进入"热区编辑器"对话框中，在图像中 直接拖动绘制热区，为其添加3个链接，如图7-33所示。

图7-33　添加热区

创建热区可以通过直接拖曳鼠标的方式，还可以在创建一个热区后，以复制、粘贴的方式来完成其他热区的创建。

⑤　单击"链接"图标，打开"链接小工具"对话框，在该对话框中选择链接地址，单击"确定"按钮，如图7-34所示。

⑥　设置完毕，使用同样的方法为其他热区添加链接，单击"完成"按钮，如图7-35所示。

⑦　设置完毕，单击"保存"按钮，完成"多热区切图"的创建，如图7-36所示。

图7-34　设置热区链接

图7-35　添加热区链接

图7-36　完成多热区切图

创建多热区切图，除了可以直接在一张图片上添加多链接，还可以通过"智能作图"的方法实现多张图片的添加和各自链接的设定，如图7-37所示。

图 7-37 多热区切图的创建

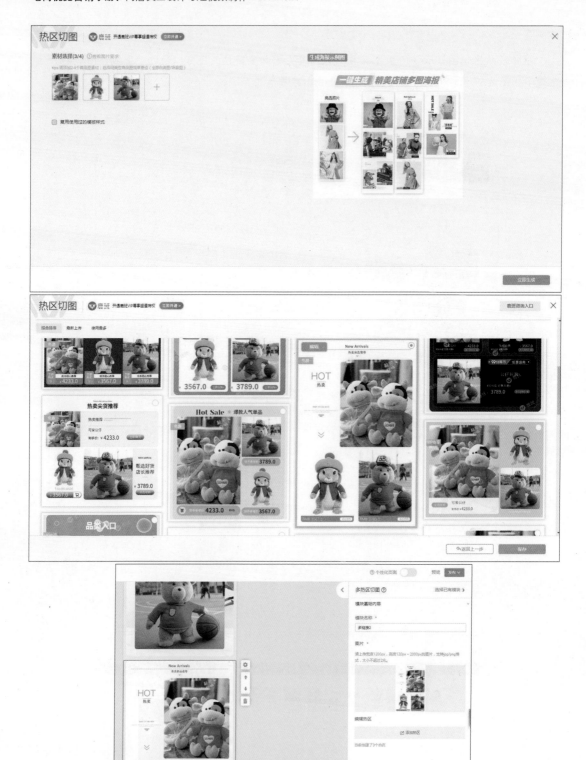

图7-37　多热区切图的创建(续)

插入淘宝群聊入口模块

在"淘宝群聊入口模块"区域，所展示的群聊是由平台依据群的活动权益、优质度、活跃程度，以及群成员质量等条件智能匹配展示的。该模块仅对满足入群条件的消费者可见。具体的创建步骤如下。

扫码看视频

① 在"系统默认首页"页面中，选择左侧的"容器"标签，展开"图文类"收缩框，使用鼠标拖曳"淘宝群聊入口模块"到编辑器中，在右侧"淘宝群聊入口模块"编辑区设置"模块名称"，单击"保存"按钮，如图7-38所示。

图7-38 添加"淘宝群聊入口"模块

② 淘宝群入口模块添加完成后，进入"淘宝群运营平台"对话框，可以进行关于群的一些设置，在"群组管理"中可以设置创建新群组、群公告、群简介、新人欢迎语等，如图7-39所示。

图7-39 设置聊天群

③ 单击"创建新群组"按钮，选择"直播群"下面的"立即创建"按钮，根据提示完成"群基础信息""管理员设置""创建完成"三个阶段，如图7-40所示。

图7-40　创建群组

课堂案例 插入人群海报

"人群海报"模块可以根据设置的内容来展现给特定人群,非此特定人群的用户看不到该内容。具体的创建步骤如下。

① 在"系统默认首页"页面中,选择左侧的"容器"标签,展开"图文类"收缩框,使用鼠标拖曳"人群海报"到编辑器中,在右侧"人群海报"编辑区设置"模块名称",单击"创建更多定向策略"按钮,如图7-41所示。

图7-41 添加"人群海报"模块

② 打开"用户运营平台"页面,直接点击新建策略,会看到可选择的人群。商家可根据店铺自身的需求,选择合适的人群进行添加,单击"立即保存人群"按钮,如图7-42所示。

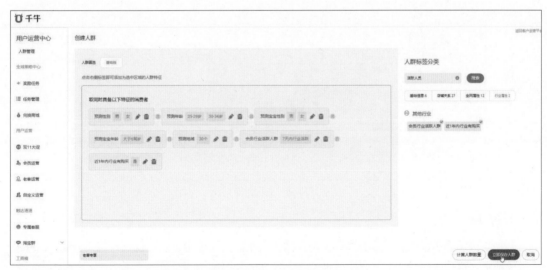

图7-42 定义人群

③ 进行海报区域的图片上传,如图7-43所示。

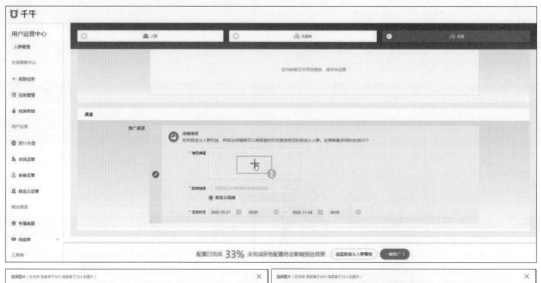

图7-43　选择并上传图片

④　单击"保存"按钮，完成海报的编辑，如图7-44所示。单击"一件推广"按钮，完成操作。

图7-44　海报封面

2. 视频类

在移动版页面装修中，"视频类"目前仅提供"单视频"这个选项。视频导购作为一种生动且形象的方式，能够很好地展现产品细节和品牌故事，从而增强客户体验。上传的视频比例为16:9、3:4、9:16，清晰度为720P以上，时长为10秒～10分钟。具体应用方法如下。

扫码看视频

①　进入"淘宝旺铺"/"页面装修"页面，选择左侧的"容器"标签，展开"视频类"收缩框，

使用鼠标拖曳"单视频"到右侧的编辑器中,此时会在编辑器中出现"单视频"模块,如图7-45所示。

图7-45 添加"单视频"模块

② 单击"单视频"框架,在右侧的编辑区,设置名称"玩具视频",在下方选择"上传视频尺寸"为16:9,单击"添加视频"区中的"选择视频"按钮,如图7-46所示。

图7-46 设置"单视频"模块

③ 在"选择视频"对话框中,选择一个事先制作完成的视频,如图7-47所示。

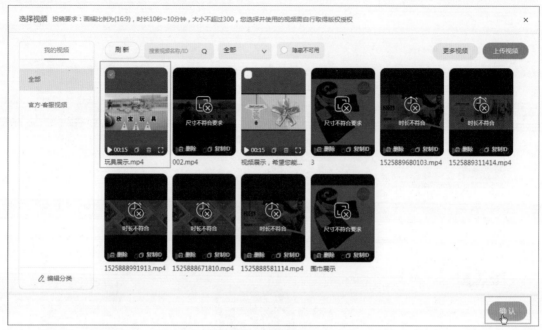

图7-47 选择视频

④ 选择视频后，单击"确认"按钮，打开"编辑短视频"对话框，分别设置"视频标题"和"内容简介"，如图7-48所示。

图7-48 编辑短视频

⑤ 单击"下一步"按钮，在对话框中选择一个商品，单击"确定"按钮，如图7-49所示。

图7-49 选择商品

⑥ 回到"单视频"编辑区，单击"保存"按钮，完成视频的创建，如图7-50所示。

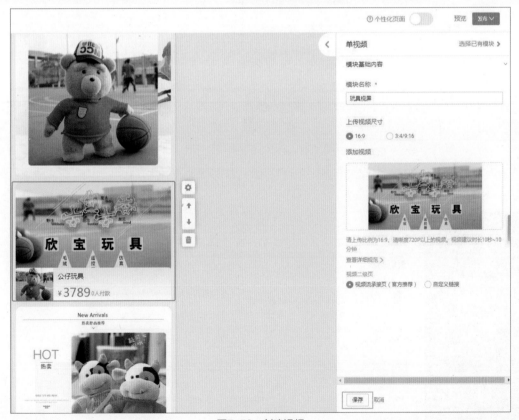

图7-50 创建视频

3. LiveCard

淘宝天猫推出的店铺动态卡片LiveCard功能，可以支持视频、音频、3D、AR&VR、互动小程序等模块自由组合，每一个LiveCard都是独立的模块化内容。商家在后台的操作也非常方便，只需要拖动活动卡片，对店铺进行信息组织即可。移动版页面装修LiveCard主要由几大功能组成，包括测款选品、天猫U先-店铺派样、天猫U先-免费试用等，每个功能只需根据后台的引导进行设置即可。下面以"测款选品"作为讲解案例，具体操作如下。

扫码看视频

① 进入"淘宝旺铺"/"页面装修"页面，选择左侧的"容器"标签，展开LiveCard收缩框，使用鼠标拖曳"测款选品"到右侧的编辑器中，此时会在编辑器中出现"测款选品"模块，在右侧的"测款选品"编辑区中设置"模块名称"后，单击"创建新的测款活动"按钮，如图7-51所示。

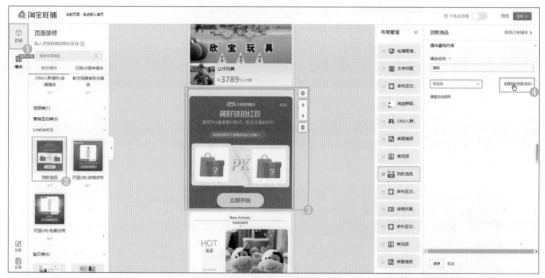

图7-51　添加"测款选品"模块

② 进入"天猫新品创新中心"界面，选择"工作台/智能测款"命令，再单击"新建活动"按钮，如图7-52所示。

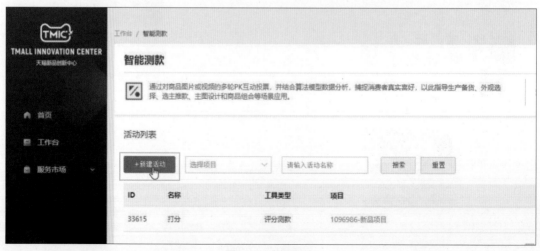

图7-52　新建活动

③ 在"创建测款"页面中，对"基础配置"进行相应的设置，如图7-53所示。

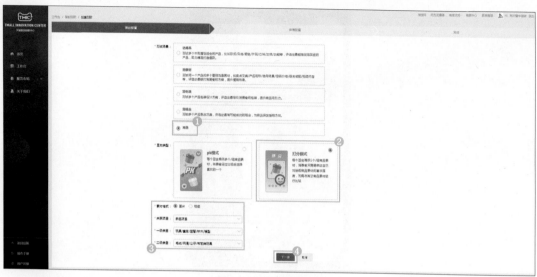

图7-53 设置基础配置

④ 设置参数后，单击"下一步"按钮，进入"详情配置"界面中，根据提示添加文本和导入数据，如图7-54所示。

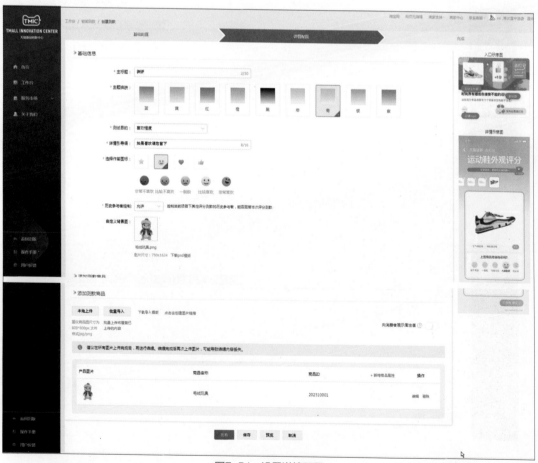

图7-54 设置详情配置

⑤ 单击"预览"按钮，查看一下效果，如图7-55所示。

图7-55　预览效果

⑥ 预览后，回到"详情配置"界面中，单击"发布"按钮，完成设置。发布成功后，单击"去投放"按钮，如图7-56所示。

图7-56　发布成功

⑦ 单击"去投放"按钮后，进入"创建投放"界面，进行"投放设置"和"权益设置"后，单击"提交投放"按钮，完成操作，如图7-57所示。

图7-57　创建投放

4. 宝贝类

在"容器"的"宝贝类"模块中，无须进行编辑，只要将选中的模块拖曳至编辑器，并在编辑区设置相应参数，随后上传商品即可。具体操作如下。

① 进入"淘宝旺铺"/"页面装修"页面，选择左侧的"容器标签"，展开"宝贝类"收缩框，使用鼠标拖曳"排行榜"模块到编辑器中，上传商品后，单击"保存"按钮，如图7-58所示。

图7-58　添加"排行榜"模块

② 拖曳"系列主题宝贝"模块到编辑器中，放置在上传的商品图片下方，如图7-59所示。

图7-59　拖曳"系列主题宝贝"模块

5. 营销互动类

"容器"中的"营销互动类"模块，在店铺中可以起到促进销量、引流客户的作用。在移动版页面装修中，"营销互动类"主要由店铺优惠券、裂变优惠券、购物金、芭芭农场、店铺会员模块、人群优惠券几大功能组成。

下面以"店铺优惠券"作为讲解对象，其他功能大家可以根据系统的引导自行进行创建。具体应用方法如下。

① 进入淘宝店铺的"页面装修"界面，选择左侧的"容器"标签，展开"营销互动类"收缩框，使用鼠标拖曳"店铺优惠券"到编辑器中，此时会在编辑器中出现"店铺优惠券"模块，在最右侧的"店铺优惠券"编辑区，设置"模块名称""样式选择"，选中"手动添加"单选按钮，设置"设置优惠券数量"后，单击"创建更多优惠券"，如图7-60所示。

图7-60　添加"店铺优惠券"模块

② 单击"创建更多优惠券"后，进入"我是卖家>营销工作台>优惠券"界面，单击"创建店铺优惠券"按钮，如图7-61所示。

图7-61　单击"创建店铺优惠券"按钮

③ 进入"创建店铺优惠券"编辑页面，对各项参数进行相应的设置，如图7-62所示。

图7-62 编辑"店铺优惠券"参数

④ 参数编辑完成后，单击"资损风险校验"按钮，完成创建，如图7-63所示。

图7-63 完成"店铺优惠券"的创建参数

⑤ 创建完成后，返回"页面装修"页面，在右侧的"店铺优惠券"编辑区单击"请选择优惠券"按钮，如图7-64所示。

图7-64 单击"请选择优惠券"按钮

⑥ 在弹出的对话框中，选择刚创建的优惠券，如图7-65所示。

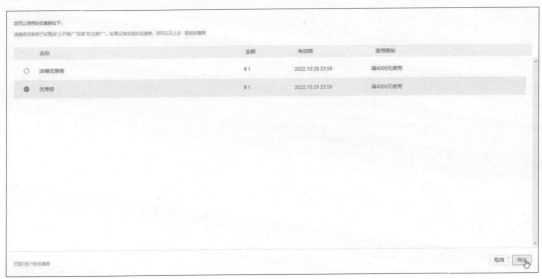

图7-65 选择刚创建的优惠券

⑦ 选择完毕，单击"确定"按钮，返回到"页面装修"界面，单击"店铺优惠券"编辑区中的
"保存"按钮，即可在编辑器中看到创建的优惠券，如图7-66所示。

图7-66 保存创建的优惠券

7.2.3 手机淘宝模块设置

模块是移动端店铺装修与引流不可或缺的功能之一。商家可以在各自的行业范围选择一款合适的装修动态卡片，以此来获取更多的公域流量，这有助于打造店铺与同行之间的差异化，进而吸引更多客户浏览店铺内容，最终促成商品交易。模块区中的各项内容通常需要购买解锁，下面以"左右滑动"模块为例，讲解其购买及应用后的效果，具体操作步骤如下。

扫码看视频

① 进入淘宝店铺的"手机店铺装修"中，在"页面装修"界面，选择左侧的"模块"标签，展开"店铺模块应用TOP榜"收缩框，使用鼠标单击"TOP3左右滑动"下面的"去购买"按钮，如图7-67所示。

图7-67 选择"左右滑动"选项

② 单击"去购买"按钮，进入"服务市场"界面，选择"版本"和"周期"后，单击"立即购买"按钮，如图7-68所示。

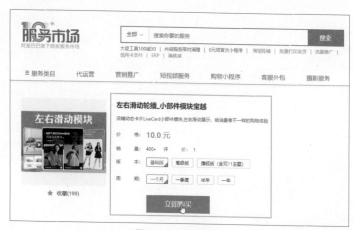

图7-68 购买服务

187

③ 购买时，可以查看一下不同版本的对比，如图7-69所示。

图7-69　版本对比

④ 还可以查看不同版本所展示的预览效果，并进行对比，如图7-70所示。

图7-70　预览效果对比

⑤ 购买后，就可以在模板中进行图片更换，以此来展示商品在网店中的视觉效果。

第8章

电商短视频制作

随着媒体技术的不断进步，网店已不再局限于单纯的图片展示，而是进行了相应的升级。为了更全面地满足买家的需求，关于商品介绍的短视频应运而生，有效弥补了图片展示在信息传递上的不足。相较于静态的图片，动态的视频具有更强的说服力，因为它为买家提供了一个更加真实、直观的购物体验。

为了提升视频的吸引力，商家需要对视频内容进行精心的编辑与剪辑，确保其内容精致，既清晰又简洁，并且符合淘宝平台的上传要求。在众多可用于编辑主图视频的软件中，剪映、绘声绘影、甩手工具箱、Camtasia Studio、Premiere、Animate等视频制作软件都是不错的选择。

本章以剪映软件为例，详细介绍使用软件制作商品视频的方法，旨在为大家提供一个便捷高效的视频制作方案。

▶▶ 8.1 剪映视频编辑基础

本节主要讲解剪映在视频编辑领域的基础知识，旨在帮助大家了解并掌握剪映的使用技巧。具体内容包括如何调整视频元素的位置与大小、对人物进行美颜美体处理，以及视频的分割与删除等基本操作。

8.1.1 调整位置大小

调整视频或图片的位置与大小，能够在播放过程中清晰地观察到其布局与尺寸的变化。具体操作步骤如下。

① 打开剪映后单击"导入"按钮，导入素材后，使用鼠标将其直接拖曳至时间轴中，在"时间轴"中点击素材，系统会直接进入"画面"下面的"基础"标签中，展开"位置大小"编辑区，在"位置"后面选择"添加关键帧"图标，在"播放器"中将画面向左移动，如图8-1所示。

② 在"时间轴"中向右拖动时间线，然后在"播放器"中将画面向右移动，如图8-2所示。

扫码看视频

图8-1　向左移动画面位置

图8-2　向右移动画面位置

③ 在"时间轴"中拖动时间线到两个关键帧之间，选择右侧"缩放"后面的"添加关键帧"图标，然后设置"缩放"为162%，如图8-3所示。此时，完成位置和大小的编辑调整。

— 技 巧 —

　　设置"缩放"时，不但可以在文本框中直接输入数值，还可以拖动滑块来调整大小，向左拖曳滑块是缩小，向右拖曳滑块是放大。

图8-3 调整画面大小

8.1.2 多层混合与画质调整

当时间轴中包含两层或更多层时，就可以在这些层之间设置"混合"效果。完成混合设置后，还可以进一步调整视频的画质。具体操作如下。

① 将"媒体"中的一张素材拖入"时间轴"中，将其放置到一个新的时间层中，选中"混合"复选框，并设置"混合模式"为"变亮"，选择右侧"不透明度"后面的"添加关键帧"，设置"不透明度"为100%，如图8-4所示。

扫码看视频

图8-4 设置混合模式

② 在"时间轴"中向后拖动时间线，然后设置"不透明度"为0%，如图8-5所示。

图8-5　调整不透明度

③ 在右侧选中"超清画质"和"视频降噪"复选框，再对"等级"和"强度"进行合适的选择，如图8-6所示。

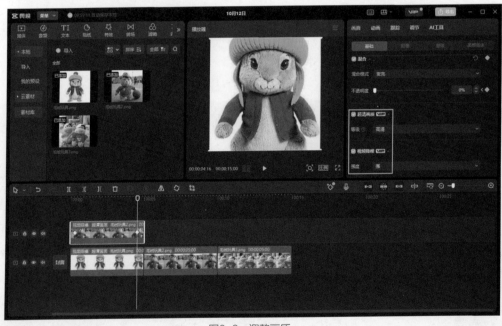

图8-6　调整画质

8.1.3　智能美颜与美体

在拍摄电商产品广告时，模特常被作为展示介质，然而拍摄的视频中难免会出现一些瑕疵。这时，可以利用"剪映"软件对模特进行美颜和美体的后期编辑。具

扫码看视频

体操作如下。

① 导入一段包含模特的视频，将其拖入"时间轴"中，选中该视频，在右侧"画面"下面选择"美颜美体"标签，选中"美颜"复选框，在展开的选项组中设置"磨皮"为26，"美白"为61，此时在"播放器"中可以看到视频中模特面部随着参数调整而发生的相应变化，如图8-7所示。

图8-7 调整美颜

② 选中"美型"复选框，在展开的选项组中设置"瘦脸"为88，"颧骨"为28，此时在"播放器"中可以看到视频中人物的变化，如图8-8所示。

图8-8 调整美型

③ 选中"美体"复选框，在展开的选项组中设置"瘦身"为55，"长腿"为44，"瘦腰"为63，

此时在"播放器"中可以看到视频中人物身材的变化，如图8-9所示。

图8-9　调整美体

8.1.4　分割与删除视频素材

在编辑短视频的过程中，有时候会需要在视频的中间位置进行分割，以便插入一个过渡转场效果，这样可以使原本单一的视频呈现出一种转换或过渡的感觉。另外，如果拍摄的视频中有些内容是不需要的，可以直接删除。在剪映中，分割和删除视频素材的具体操作方法如下。

① 在"时间轴"中将时间线拖曳至需要分割的区域，直接单击 (分割)按钮，或按Ctrl+B键就可以将视频分割成两段，如图8-10所示。

图8-10　分割视频

② 选择"转场"标签后，再选择"模糊/竖向模糊"命令，单击"+"将其添加到视频的分割处，设置"竖向模糊"的"时长"为0.4S，如图8-11所示。

③ 如果要删除部分视频，只需在分割视频后选择需要删除的段落，直接按Delete键即可。

图8-11　添加转场

8.2　视频抠像

视频抠像与单纯的图片抠图有所不同，它能够对整段视频进行处理，保留所需区域并抠出多余部分。在剪映中，视频抠像功能具体分为"色度抠图""自定义抠像"和"智能抠像"三种方式。

8.2.1　色度抠图

色度抠图功能允许使用吸管吸取特定颜色，并通过调整相关数值来精确设定需要抠取的颜色范围，具体操作如下。

扫码看视频

① 打开剪映后，单击"导入"按钮，导入一段视频和一幅图像素材后，使用鼠标将其直接拖曳至时间轴中。在"时间轴"中调整图层顺序，选择毛绒玩具所在的图层。在"画面"下面的"抠像"标签中，选择并展开"色度抠图"编辑区，使用 ✐ (取色器)在"播放器"中单击白色背景，如图8-12所示。

图8-12　选择需要抠除的区域

② 设置"强度"为4，此时会发现白色的背景已经被抠除，如图8-13所示。

图8-13　色度抠图效果

8.2.2　自定义抠像

自定义抠像，可以通过软件提供的█(智能画笔)来保留需要留下的区域，█(智能橡皮)和█(橡皮擦)擦除不需要的区域，以此来完成视频中图像的抠取，具体操作如下。

扫码看视频

① 导入一段视频和一幅图像素材，在"时间轴"中选择毛绒玩具所在的图层。在"画面"下面的"抠像"标签中，选择并展开"自定义抠像"编辑区，使用█(智能画笔)在"播放器"中玩具主体上拖动，系统会自动将玩具部分选取，如图8-14所示。

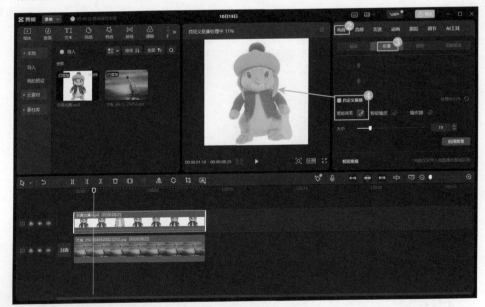

图8-14　选择需要保留的区域

② 使用(智能橡皮)，在超出主体的范围区域单击，将多余部分抠除，如图8-15所示。

图8-15 擦除超出主体的部分

③ 使用(橡皮擦)，调整合适的大小后，擦除刚才没有去掉的部分，如图8-16所示。

图8-16 擦除多余部分

④ 擦除完毕，单击"应用效果"按钮，完成抠像，如图8-17所示。

图8-17　自定义抠像效果

8.2.3　智能抠像

智能抠像技术能够轻松实现视频抠图，精准保留画面中的主体，尤其在处理人物抠图时效果显著。操作也极为便捷，只需将包含人物的视频导入软件，在"画面"选项下的"抠像"标签中，选中"智能抠像"复选框即可，如图8-18所示。

扫码看视频

图8-18　智能抠像效果

8.3　视频蒙版

视频蒙版可以被视作在当前图层上覆盖的一层玻璃片，这层玻璃片有透明和黑色不透明两种状态。透明部分能够显示全部图像画面，而黑色部分则使蒙版变为不透明，隐藏当前图层的图像。通过调整不同的"羽化"值，可以使两个图层之间的过渡更加自然流畅。视频蒙版的主要用途是在图层间创建无缝合成的图像，同时确保不对图层中的视频图像造成任何破坏。

8.3.1 线性蒙版

线性蒙版能够以直线分割的方式在两个图层之间混合视频内容，具体操作如下。

1️⃣ 导入素材后，将其拖曳至"时间轴"中。选择上面图层的内容，在"画面"下面的"蒙版"标签中，选择并展开"蒙版"编辑区，选择"线性"蒙版，为视频添加蒙版，如图8-19所示。

扫码看视频

图8-19 添加蒙版

2️⃣ 设置"旋转"为-45°，在后面为其添加关键帧，再设置"羽化"为35，如图8-20所示。

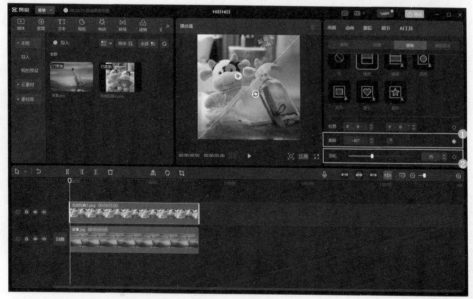

图8-20 设置蒙版

③ 拖曳时间线到最后一帧，为其添加关键帧，将"角度"设置为-405°，此时视频蒙版制作完成，如图8-21所示。

图8-21 线性蒙版效果

8.3.2 镜面蒙版

镜面蒙版能够以两条线划分区间的方式，在两个图层之间混合视频内容，具体操作如下。

扫码看视频

① 导入素材，将其拖曳至"时间轴"中。选择上面图层的内容，在"画面"下面的"蒙版"标签中，选择并展开"蒙版"编辑区，选择"镜面"蒙版，为视频添加蒙版，设置"大小"为"宽59"，在后面为其添加关键帧，再设置"羽化"为13，如图8-22所示。

图8-22 添加并设置蒙版

② 拖曳时间线到最后一帧，为其添加关键帧后，将"大小"设置为"宽688"，此时视频蒙版制作完成，如图8-23所示。

图8-23　镜面蒙版效果

8.3.3　形状蒙版

形状蒙版能够在两个图层之间，通过使用圆形、矩形、爱心和星形等形状来创建视频蒙版，如图8-24所示。

图8-24　形状蒙版效果

图8-24　形状蒙版效果(续)

8.4 变速调节

变速调节功能允许用户重新设定导入视频的播放速度，或者对视频的某个阶段进行加速或减速处理。在剪映软件中，变速调节被分为常规变速和曲线变速两种类型。

8.4.1 常规变速

常规变速可以对时间轴中选定的视频进行整体的加速或减速处理。

导入视频素材，将其拖曳至"时间轴"中。选择其中的一段视频，在"变速"下面的"常规变速"标签中设置"倍数"为2.0x，"时长"为2.5s，打开"声音变速"，如图8-25所示。

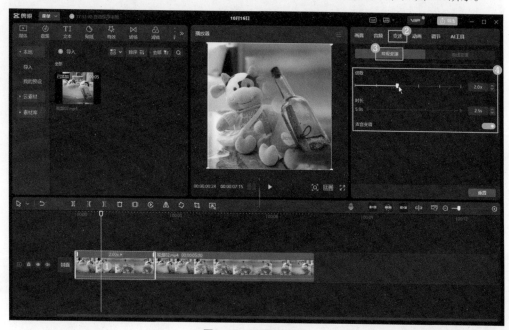

图8-25 设置常规变速

8.4.2 曲线变速

曲线变速允许对时间轴中选定的视频进行区域的加速或减速处理，并且支持通过自定义的方式来调整播放速度。

导入视频素材，将其拖曳至"时间轴"中，选择其中的一段视频，在"变速"下面的"曲线变速"标签中选择"自定义"选项，在下面拖曳控制点来调整速度，如图8-26所示。向上拖曳控制点可以加速，向下拖曳控制点可以减速。

——技 巧——

在选择"自定义"变速中的控制节点后，单击"重置"按钮后面的"-"可以将控制点删除，选择没有节点的曲线上时，单击"重置"按钮后面的"+"可以自动添加一个控制节点。

图8-26 自定义变速效果

选择"曲线变速"标签后，除了"自定义"选项，还可以选择"蒙太奇""英雄时刻""子弹时间""跳接""闪进""闪出"等预设效果，系统会自动为视频添加对应的加速或减速效果，比如在选择"英雄时刻"后，视频效果如图8-27所示。

图8-27 英雄时刻变速效果

技 巧

变速调节只能针对导入的视频进行操作，如果导入的是图像，该功能将不会被显示。

色彩调整

在剪映中,色彩调整功能允许用户对视频的色彩、饱和度、明度等方面进行调节,并提供了"基础""曲线""色轮",以及HSL等多种色彩调节工具来满足用户需求。

8.5.1 基础调整

基础调整功能允许用户对时间轴中选定的视频进行一系列简单而直接的调节,涵盖"色彩""明度""效果"等方面的调整。

导入视频素材并将其拖曳至"时间轴"中,在"调节"下面的"基础"标签中,选中"调节"复选框,并展开"调节"编辑区,直接拖动下方的各个调节滑块,就可以改变当前视频的色调和清晰度,如图8-28所示。

图8-28 基础调整效果

8.5.2 HSL调整

HSL调整功能允许用户通过调节"色相""饱和度""亮度"等参数,对视频中的颜色进行精确的色调调整。

导入视频素材,并将其拖曳至"时间轴"中。在"调节"下面的HSL标签中选择"橘色"色块,直接拖动下方的各个调节滑块,即可以改变当前视频的色调,如图8-29所示。

图8-29　HSL调整效果

8.5.3　曲线调整

曲线调整功能提供了对时间轴中选定的视频进行高级调节的功能，用户可以分别通过调整"红色通道""绿色通道""蓝色通道"及"亮度"等参数，来实现精细的色彩和明暗控制。

导入视频素材，并将其拖曳至"时间轴"中。在"调节"下面的"曲线"标签中拖曳"绿色通道"和"蓝色通道"的曲线，以此来调整视频的色调，如图8-30所示。

图8-30　曲线调整效果

8.5.4　色轮调整

色轮调整功能允许用户通过操控"亮度""饱和度"和"色倾"这三个关键参数，对视频的"暗部""中灰""亮部"，以及实现"偏移"效果等方面进行细致入微的调节。

导入视频素材，并将其拖曳至"时间轴"中。在"调节"下面的"色轮"标签中对"暗部""中灰""亮部"，以及"偏移"的"亮度""饱和度"和"色倾"进行调整，以此来改变视频的色彩，如图8-31所示。

图8-31　色轮调整效果

8.6　插入声音及数字人

网店中的视频若能配以声音，将大大提升其吸引力。而若能进一步加入一个用于解说的数字人，无疑会使其变得更加生动有趣。本节将详细介绍如何添加这些元素。

8.6.1　插入音乐

没有音乐的视频在播放时会显得比较冷清。为视频插入一些与内容相契合的音乐，能够起到锦上添花的作用，具体操作如下。

扫码看视频

① 导入视频素材，将其拖曳至"时间轴"中，在左上角处选择"音频"后，再选择"音乐素材/纯音乐"，在弹出的音乐选项中选择"纯音乐"，单击"+"将其添加到轨道中，如图8-32所示。

② 在"时间轴"中发现音乐时间有些长，我们可以拖动起始或终结位置向中间拖曳，以此来将音乐长度与视频对齐，还可以选择其中的一段音乐，将其单独剪切下来，拖动时间线到新的音乐起点处，直接单击 ▌(分割)按钮，或按Ctrl+B键就可以将视频分割成两段，选择前面的音频，按Delete键将其删除，如图8-33所示。

图8-32　添加音乐

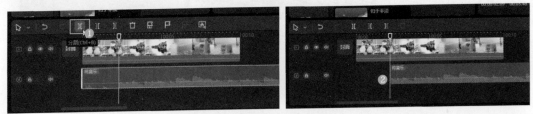

图8-33　分割并删除前面的音频

③ 在"时间轴"中将音频向左移动，再将时间线移动到视频的最右侧，按Ctrl+B键将其分割，删除后面的音频，如图8-34所示。

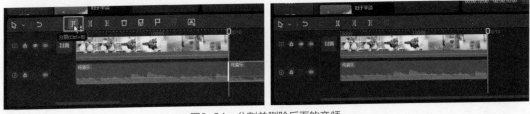

图8-34　分割并删除后面的音频

8.6.2　插入朗读

在视频中融入字幕与朗读，能够使视频更加贴近观众。下面将详细介绍为视频添加朗读的方法，具体操作如下。

① 在剪映左上角处选择"文本"，然后选择"智能字幕"中的"文稿匹配"，单击"开始匹配"按钮，如图8-35所示。

扫码看视频

图8-35　文稿匹配

② 在弹出的"输入文稿"对话框中，输入要显示的字幕文案，如图8-36所示。

图8-36　输入文稿

③　单击"开始匹配"按钮，在右侧编辑区设置字幕文字颜色和样式，如图8-37所示。

图8-37　设置文字颜色和样式

④　在右上角选择"朗读"，选择一个合适的朗读声音，单击"开始朗读"按钮，如图8-38所示。

图8-38　设置声音并开始朗读

8.6.3　插入数字人

当视频中添加了字幕后，若想让视频整体效果更显高端和专业，我们可以为其配备一个负责讲解的数字人。下面讲解添加数字人的方法，具体操作如下。

扫码看视频

① 关掉朗读的声音，单击右上角的"数字人"，选择喜欢的数字人形象，如图8-39所示。

图8-39　选择数字人

② 单击"添加数字人"按钮，就可以为视频添加一个解说的数字人，如图8-40所示。

图8-40　添加数字人

③ 在播放器中调整数字人的位置和大小，完成本例的制作，如图8-41所示。

　　在剪映中添加贴纸、特效、滤镜、动画等功能时，操作非常简单，只需将元素拖曳至视频片段上，系统便会自动应用。而后续的调节同样简单，只要在编辑区域调整相应的数值即可。

图8-41　调整数字人

8.7　网店视频制作

随着多媒体技术的不断进步，若网店中缺乏视频元素的加入，可能会给浏览者留下店铺不够正规或专业的印象。相较于单纯的图像展示，视频的流行带来了极大的视觉冲击力。因此，在网店首图中融入视频，已成为网店经营与发展的重要助力。本节将为大家详细介绍网店视频尺寸的规范以及视频制作的相关方法。

8.7.1　网店视频的制作规格

单纯的静态图片可能无法全面展现商品的特点，而如果采用动态视频的方式进行展示，不仅能更加吸引买家的注意力，还能更有效地凸显商品的特性。

在淘宝上传商品视频时，视频的高宽比必须为1:1的正方形，尺寸为500~800像素，最好是800×800像素，视频的大小不超2G，格式为mp4、mov、flv、f4v，时间最好为9~60秒，不要超过60秒。

网店中除了主图视频，其他视频的比例可以是横版为16:9，竖版为9:16。

8.7.2　网店视频设计与制作

本节以毛绒玩具作为视频的蓝本，以4张图片作为素材来制作一个宣传视频，具体的制作方法如下。

❶ 打开剪映，将比例设置成1:1后，导入4张毛绒玩具的图片，将其拖曳至"时间轴"上，调整位置和大小，如图8-42所示。

❷ 在时间轴中，调整视频长度和图像的位置，如图8-43所示。

扫码看视频

图8-42 导入素材

图8-43 调整图像位置

③ 选择时间轴中的第一张图片，在右侧编辑区中选择"画面"中的"蒙版"标签，选择"矩形"蒙版，设置蒙版的大小和圆角，如图8-44所示。

图8-44 添加蒙版

④ 使用同样的方法，为另3张图片添加蒙版，如图8-45所示。

⑤ 选择时间轴中的第一张图片，在右侧选择"动画"中的"入场"标签，选择"雨刷Ⅱ"为其添加一个入场动画，如图8-46所示。

⑥ 使用同样的方法，为另外3张图片添加同样的入场动画，如图8-47所示。

图8-45　为全部图片添加蒙版

图8-46　添加入场动画

图8-47　为全部图片添加入场动画

⑦ 再次拖曳一个图像到时间轴中，调整其在时间轴中的时间长度，选择左侧的"转场"下面的 "热门"，在时间轴中添加"拉伸Ⅱ"转场效果到两个图片之间，为其添加转场效果，如 图8-48所示。

图8-48 添加"拉伸Ⅱ"转场效果

⑧ 再次拖曳一个图像到时间轴中，调整其在时间轴中的时间长度，选择左侧的"转场"下面的 "热门"，在时间轴中添加"风车"转场效果到两个图片之间，为其添加转场效果，如图8-49 所示。

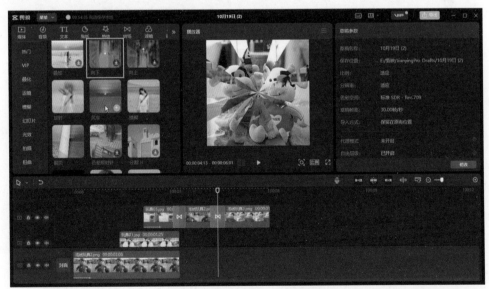

图8-49 添加"风车"转场效果

⑨ 再次拖曳一个图像到时间轴中，调整其在时间轴中的时间长度，选择左侧的"转场"下面的"热门"，在时间轴中添加"放射"转场效果到两个图片之间，为其添加转场效果，如图8-50所示。

⑩ 再次拖曳一个图像到时间轴中，调整其在时间轴中的时间长度，选择左侧的"转场"下面的"热门"，在时间轴中添加"翻页"转场效果到两个图片之间，为其添加转场效果，如图8-51所示。

图8-50 添加"放射"转场效果

图8-51 添加"翻页"转场效果

⑪ 在右侧选择"动画"中的"出场"标签，选择"渐隐"，为其添加一个出场动画，如图8-52
所示。

图8-52 添加出场动画

⑫ 下面为制作的视频添加一段音乐，在左侧选择"音频"，在音乐素材中选择一个自己喜欢的音乐作为背景音乐，如图8-53所示。

图8-53 添加音乐

⑬ 添加解说可以让视频更加具有可信度，在左上角处选择"文本"，选择"智能字幕"下的"文稿匹配"，如图8-54所示。

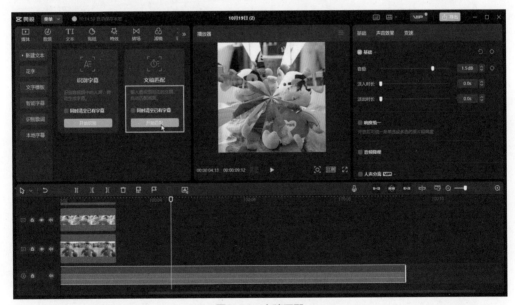

图8-54 文稿匹配

⑭ 单击"开始匹配"按钮，弹出"输入文稿"对话框，输入要制作字幕的文案，如图8-55所示。

⑮ 单击"开始匹配"按钮，关闭"输入文稿"对话框。在右侧编辑区设置文字颜色和样式，如图8-56所示。

⑯ 在右上角选择"朗读"标签，在其中选择一个合适的朗读声音，单击"开始朗读"按钮，如图8-57所示。

图8-55　输入文稿

图8-56　设置文字颜色和样式

图8-57　选择朗读声音

⑰ 单击"开始朗读"按钮，完成对字幕的朗读设置，如图8-58所示。

图8-58 开始朗读

⑱ 视频制作完毕，单击右上角的"导出"按钮，即可将视频保存，之后就可以将其上传到网店中了。